● 艺术实践教学系列教材

黑白摄影暗房技术

邵大浪　编著

ZHEJIANG UNIVERSITY PRESS
浙江大学出版社

丛书编委会

主任　张继东　　邵大浪

成员　陈朝霞　董春晓　国增林

　　　　胡一丁　胡文财　邵大浪

　　　　万如意　王文奇　王文雯

　　　　朱伟斌　赵华森　张　斌

　　　　张继东

总 序

面对我国飞速发展的今天和高等教育从精英教育向大众化教育转变的现实，我们必须思考在这场激烈的人才竞争中如何使我们的教育适应新形势下的社会需求，如何全面地提升学生的综合竞争力，真正使我们所教的知识能"学以致用"。

教学改革是一个持久的课题，其没有模式可套，我们只能从社会对人才需求的不断变化和在教学实践中结合自身的具体情况不断地去提升与完善。要对以往的教学进行反思、梳理，调整我们的教学结构与体系，去完善这个体系中的具体课程。这里包含着对现有教学知识链的思考：如何在原有知识结构的基础上整合出一条更科学的知识链，并使链中的知识点环环相扣；也包含着对每个知识点的深入研究与探讨：怎样才能更好地体现每门课程的准确有效的知识含量，以及切实可行的操作流程与教学方法。重视学生的全面发展，关注社会需求，开发学生潜能，激发学生的创新精神，培养学生的综合应用能力。教育的根本目的不仅要授予学生"鱼"，更要授予以"渔"，使之拥有将所学知识与技能转化成一种能量、意识和自觉行为的能力。

编写一部好的教材确实不易，从实验实训的角度则要求更高，不仅要有广深的理论，更要有鲜活的案例、科学的课题设计以及可行的教学方法与手段。编者们在编写的过程中以自身教学实践为基础，吸取了相关教材的经验并结合时代特征而有所创新。本套教材的作者均为一线的教师，他们中有长期从事艺术设计、摄影、传播等教育的专家、教授，有勇于探索的青年学者。他们不满足书本知识，坚持教学与实践相结合，他们既是教育工作者，也是从事相关专业社会实践的参与者，这样深厚的专业基础为本套教材撰写一改以往教材的纸上谈兵提供了可能。

实验实训教学是设计、摄影、传播等应用学科的重要内容，是培养学生动手能力的有效途径。希望本套教材能够适应新时代的需求，能成为学生学习的良好平台。

本套教材是浙江财经大学人文艺术省级实验中心的教研成果之一，由浙江大学出版社出版发行。在此，对辛勤付出的各位教师、工作人员以及参与实验实训环节的各位同学表示衷心的感谢。

张继东

目　录

预备篇

基础篇

提高篇

◀ 预备篇

第一章　认识黑白暗房

【关 键 词】　黑白暗房　设备　空间布置

【实验目的】　了解标准黑白暗房的环境要求及空间布局原则，黑白暗房常用设备的功能和用途，能够合理地规划一个黑白暗房及摆放相关设备。

日本摄影家森山大道这样描述黑白暗房："点着红色灯泡的密室里，浸泡在液体中的灰白色相纸上，影像慢慢浮现。这是最让我心动的瞬间。眼前那幅湿透、闪耀微光的影像，竟带着一丝煽情意味。我突然觉得，或许我正是为了见证这瞬间才会一路拍摄黑白照片迄今。所有人、事、物的交集，皆有各种光影交错的色阶变化，将路上栩栩如生的现实，封存在相机的小盒子，带回家。能让这一切以崭新面貌重新复苏的场所，就是暗房。将泰半处于无意识状态下进行的摄影，明确地重新定义，使其具有意识，这不正是冲洗照片的真正意义吗？在暗房里，可以遇见陌生的自己，或发现意想不到的世界角落，实在都是超现实的经验。摄影，尤其黑白照片，能同时囊括具体与抽象，最终抵达的彼方则是象征的世界。这么说来，暗房对我而言，是个极纤细敏感、充满感官乐趣的密室。"①

的确，对任何一位从事胶片黑白摄影的摄影家而言，他的灵感和智慧不仅仅只体现在拍摄过程，也源于他在暗房中的创造性创作。

一、黑白暗房

(一)黑白暗房的环境要求

建立一个标准的黑白暗房，首先应考虑以下环境要求。

1.不透光性：将一间房子布置成暗房时，首先要做到的是保证整个房间密不透光，否则，就无法"安全"地进行冲洗和印放操作了。将房间变暗通常与窗户有关，有多种处理的方法可以选择，重要的是窗户在需要时仍然可以容易地打开。其中，比较简单的处理方法是做一个木制框架，把它紧密地固定在窗口处。框架里装有不透明物质，如三合板或厚的卡纸等，用胶

---

① 森山大道：《迈向另一个国度》，广西师范大学出版社 2012 年版，第 95 页。

带使边缘密封。

2.天花板、墙壁和地板:早期的摄影家一般将暗房的天花板和墙壁处理成黑色或很暗的颜色,他们认为这样对感光材料更安全。现代的黑白暗房通常选择白色或浅灰色的天花板和墙壁,这样可以合理地利用天花板和墙壁的反射光把暗房照亮。其实,天花板和墙壁只能反射落在其上的光线,如果照明的光线对感光材料是安全的,那么反射的光线也是安全的。墙壁的下部,尤其是冲洗工作台和水池后面的墙壁,应漆一至两层好的防水油漆层,这样在清洁暗房时可以方便地用湿布来擦拭。在暗房地板材料的选择上,则必须要考虑其具有防水和防化学药水腐蚀的性能。

3.通风和恒温:暗房要有良好的空气流通条件,才能及时排除冲洗时药水所散发出的化学气味,保持空气新鲜。在一般大小和用途的暗房中,可以开置两个通风口,通常入气口靠近地面,排气口靠近天花板。入气口与排气口最好位于暗房相对的两面墙上,并且它们之间的距离越远,通风效果越好。由于暗房的避光要求,因此在开置入气口和排气口时还需做好防光处理。无论是胶卷还是照相纸冲洗,比较理想的温度是 20℃,所以一个标准的暗房还需要通过加热和冷却装置将室温维持在 20℃ 左右。当然,最好是选用空调,以保证准确的温度控制及通风。

4.防光通道:在专业的暗房设计中,还应考虑设置防光通道,以方便人员进出但不影响暗房正常工作。最简单的防光方式是建立一个防光的空间,人进入时门可以打开,在门的前面挂一道厚重的防光布帘。对于面积较大的暗房,可以做成诸如图 1-3 所示的防光迷宫。

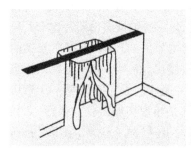 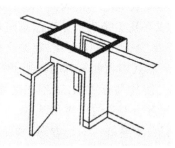 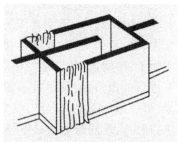

图 1-1 由两层黑布做成的防光通道　图 1-2 由两层门做成的防光通道　图 1-3 M 型防光迷宫

5.照明:能在暗房中正常而舒服地工作很大程度上取决于安全而正常的暗房照明。暗房照明既要使感光材料在这种颜色和光强安全灯照射下不产生灰雾,又要使操作者在这种照明下能方便地工作。暗房照明状况与安全灯的颜色、功率、选用的滤光片,以及安放的位置有关。一般来说,面积小的暗房采取直接照明比较方便,可使用 25 瓦的灯泡在离工作点 2 米左右的地方照明;面积大的暗房可采取间接照明,反射面通常是白色、光滑的天花板,如果房间太高或者天花板不合适,可在安全灯上面加一个反光器。

6.电源供应:暗房中的设备,如放大机、印相机和安全灯等功率都不大,因此所需的电流也并不大。暗房电源供应的主要问题是在室内合适的位置,安排好电源的插座和开关。千万不要在暗房湿区,尤其在水池附近有裸露的电线。供电的电路要有接地线的安排。

(二)黑白暗房布局基本原则:分离"湿区"和"干区"

根据工作需要,暗房的面积可大可小,但在进行暗房布局时,必须遵循这么一条原则,即必须将暗室中的"干"区与"湿"区分隔开来,有关"湿"的操作绝不能影响"干"的操作。"干"区主要存放放大机、镜头和裁纸刀等设备,"干"区还要留出一定的空间以供装卸胶片、裁切相纸之用。"湿"区主要存放药液、药液盆和水洗槽等。将"干"区与"湿"区隔离,可以有效地防止在"湿"区操作时对"干"区中的设备造成损伤。

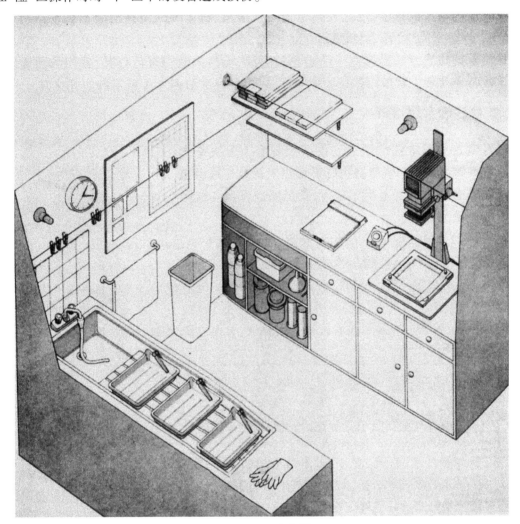

图1-4 暗房布局

(三)黑白暗房的"安全"检查

所谓黑白暗房的"安全",是指冲洗过程中胶卷或照相纸有否被漏光。胶卷或照相纸被漏光,常会产生过量的灰雾而影响影像的质量。

造成胶片或相纸漏光的原因不外乎两个,一是暗房本身的漏光,二是安全灯造成的漏光。对于暗房本身漏光的检验非常简单,只要将暗房中的所有光源关闭,如发现有室外的光线射入,则说明暗房本身存在漏光,应及时予以补修。对安全灯造成的漏光,通常这样进行检验:将一小条放大纸用黑纸遮去一半,在平时裁切照相纸或冲洗操作的位置静置3分钟,然后放在显影中显影3分钟左右,再经定影和水洗后在白灯下观察,若照相纸上出现被黑纸遮挡的痕迹(即照相纸的一边出现灰色调),则说明安全灯并不安全;若照相纸上看不出被遮挡的痕迹(即照相纸全为白色),则说明安全灯是安全的。如果发现安全灯不安全,可采用下面两种方法解决:一是选用功率更小的安全灯,二是增大安全灯与照相纸或胶卷冲洗处的距离,因为灯光的强度会随着距离的增大而迅速地衰减。

二、黑白暗房常用设备

黑白暗房常用设备包括胶片冲洗设备和照片放大设备。

(一)胶片冲洗常用设备

冲洗罐:主要用来冲洗胶片。冲洗罐里有片芯,冲洗时要将胶卷绕到片芯上。冲洗罐有胶木与不锈钢之分,通常,不锈钢冲洗罐的性能比胶木冲洗罐稳定。冲洗罐又有大小之分,小的冲洗罐一次只能冲洗一卷120或135胶片,而大的冲洗罐则一次可同时冲上好多卷胶卷。

图1-5 相纸未经安全灯照射而直接冲洗获得的照片

图1-6 将黑纸遮住一半相纸,让另一半相纸在安全灯下放置3分钟,如果冲洗后出现如图所示的灰色调,则说明暗房不安全,需要重新调试安全灯的亮度或照射距离。

温度计:药液的温度对胶片冲洗质量有很大的影响,在冲片过程中,必须经常对药液温度进行监测,这时,一只高精度的温度计是必不可缺的。

计时器:显影的过程必须准确计时,因此需要一个能够精确测量到秒级的计时器。

起盖器:用于撬开135胶卷的暗盒。

量杯:用于测量冲洗药液的容积。一般至少需要准备一只大的和一只小的量杯,并且小量杯应能准确测量到1ml、甚至更少的溶液。

存贮容器:用于存贮冲洗药液。

搅拌棒:用于冲洗药液的搅拌。

剪刀:用于剪断胶片。

手暗袋:使胶片能安全地在其内装卸。

胶片除水夹:在胶片干燥时用来除去胶片上黏附的水珠。

图 1-7 胶片冲洗罐

图 1-8 温度计

图 1-9 计时器

图 1-10 135胶卷起盖器和引片器

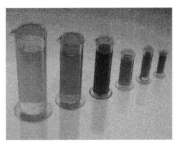

图 1-11 量杯

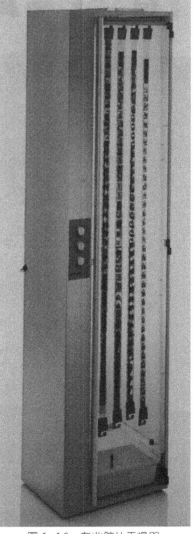

图 1-12 冲洗药液存贮容器

图 1-13 胶片夹

图 1-14 手暗袋

图 1-15 胶片除水夹

图 1-16 专业胶片干燥器

(二)照片放大常用设备

放大机：主要用来放大照片。放大机由支柱、光源、聚光镜或散光玻璃、底片夹、红滤光片、底座和放大框板等组成。根据放大机所能放大的底片尺寸大小，放大机通常有4"×5"放大机、6cm×9cm放大机、6cm×7cm放大机和35mm放大机之分；根据放大机的光源特性，放大机又有聚光式放大机和散光式放大机之分。聚光式放大机在光源和底片夹之间装有聚光透镜，它所投射的光线亮而明锐，放大的影像反差强，颗粒明显，锐利度高，但也比较容易将底片上的划伤、脏迹等缺陷暴露出来。由于聚光式放大机结构简单，它的光质也没有经过"修饰"，所以它的售价通常比较低廉。聚光式放大机较适于放大密度较大、反差较弱的底片。散光式放大机在光源与底片夹之间用混光箱来代替聚光式放大机所用的聚光透镜。由于混光箱对光线起着漫射作用，因此，所投射的光线均匀而柔和，放大的影像反差较小，暗部层次丰富细腻，同时能减轻底片上灰尘和其他缺陷的影响。散光式放大机较适于放大反差较强而暗部密度较小的底片。

 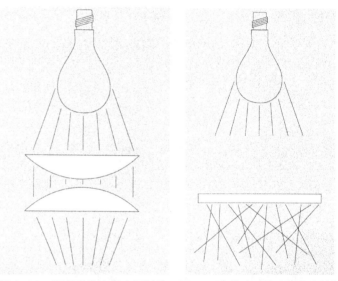

图1-17　放大机　　　　图1-18　聚光式放大机光源结构　图1-19　散光式放大机光源结构

放大镜头：放大镜头与照相机镜头的作用相似，它在放大时起着汇聚光线和控制光量的作用。

对焦器：照片放大时，用眼睛目测对焦，不容易把焦点对在底片的粒子上。利用对焦器可以准确地把焦点对在底片的粒子上，使放大的影像清晰明锐。

曝光计时器：主要用于曝光计时。它的计时时间可随意设定，一般精度可至0.1秒。曝光计时器可保证曝光时间的准确性和一致性，在一张底片作多次放大时特别有用。

冲洗盆：用于盛放冲洗药液。冲洗盆通常由塑料或不锈钢做成，它的规格很多，一般小的仅能冲洗5寸大小的照片，而大的则能冲洗24寸大小的照片。

温度计：用于对冲洗药液的温度监控。

照片冲洗夹子：照片冲洗夹子是用来代替裸露的手去夹住湿的放大纸，将放大纸从一只药液盆转移到另一只药液盆，它的目的是尽可能使皮肤不接触药液，避免污染。每种药液盆都应有自己的夹子，所以至少需要三把夹子。

安全灯：主要用于放大过程中对照片影像效果的观察。根据放大纸对某一光谱和色光的不敏感性,通常选用钠灯或红灯作为放大安全灯。

毛刷和吹尘器:用于放大之前将附在底片上的尘埃除去,否则,放大后的照片上会尽显这些尘埃的痕迹。

照片除水器:用于除去照片表面黏附的水珠。

裁纸刀:用于准确而方便地裁切放大相纸。

量杯:用于测量和贮存药液。

药液贮存容器:用于贮存药液。

保护手套: 照片冲洗时用于保护手的皮肤。

图1-20 放大镜头

图1-21 对焦器

图1-22 曝光计时器

图1-23 冲洗盆

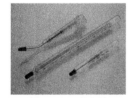
图1-24 温度计

图1-25 照片冲洗夹子

图1-26 安全灯

图1-27 吹尘器

图1-28 照片除水器

图1-29 裁纸刀

图1-30 量杯

图1-31 药液贮存容器

【思考题】

1.一个标准的黑白暗房有哪些环境要求?

2.在黑白暗房布局中,为何要严格分离"干区"和"湿区"?

3.如何检查黑白暗房的照明安全?

【黑白摄影大师的暗房】

摄影大师的暗房犹如他们的作品,风姿多彩而又风格迥异。管窥其暗房,既可探究他们作品背面的些许神秘,也为我们的暗房布置带来启迪。

哈利·卡拉汉(Harry Callahan,1912—1999,美国摄影家)

图 1-32　哈利·卡拉汉在暗房中

1-33 哈利·卡拉汉暗房的一面墙上贴满作品和海报

图 1-34 哈利·卡拉汉暗房中的计时器和温度表

图 1-35 哈利·卡拉汉暗房中的冲洗槽

图 1-36 哈利·卡拉汉暗房干区,用于放置放大机和相纸

亚伦·塞司开德（Aaron Siskind，1903—1991，美国摄影家）

图 1-37 亚伦·塞司开德在暗房中

图 1-38 亚伦·塞司开德暗房中的干燥照片区域

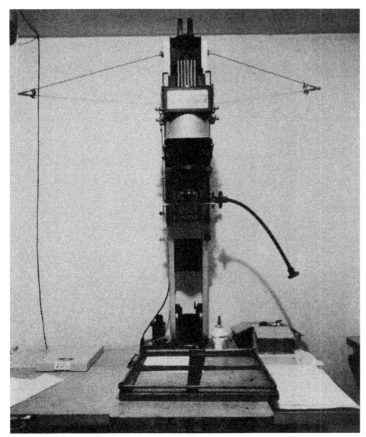

图 1-39　亚伦·塞司开德暗房干区

图 1-40　亚伦·塞司开德暗房湿区

贝伦尼斯·阿博特（Berenice Abbott，1898—1991，美国摄影家）

图1-41　贝伦尼斯·阿博特暗房湿区

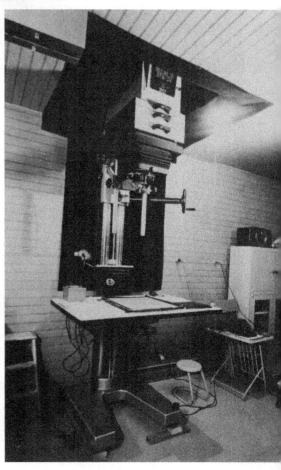

图1-42　贝伦尼斯·阿博特德暗房干区

图 1-43　贝伦尼斯·阿博特暗房兼作办公室

图 1-44　贝伦尼斯·阿博特暗房中的干燥照片区域

尤金·史密斯(W.Eugene Smith,1918—1978,美国摄影家)

图 1-45　尤金·史密斯的暗房显得大而舒适

图 1-46　尤金·史密斯在检查正在冲洗的照片

图 1-47　尤金·史密斯暗房干区

图 1-48　尤金·史密斯采用分上下放置的两个盘子来水洗照片

第二章　认识感光材料

【关 键 词】　黑白胶片　黑白相纸
【实验目的】　了解和掌握黑白胶片、黑白相纸的种类及特性,并能正确选用。

黑白胶片和相纸是记录和表现黑白影像的载体。作为黑白摄影者,必须要深谙它们的种类和特性,并合理地加以选用,才能保证你所拍摄影像的表现力和品质。

一、黑白胶片

(一)规　格

现行黑白胶片有多种规格,它们分别适用于不同类型的照相机。按胶片的包装形式,胶片可分为胶卷和页片两大类。其中,常用的胶卷又有 135 胶卷、120 胶卷和 220 胶卷之分;常用的页片又有 4×5 英寸、5×7 英寸和 8×10 英寸等三种规格。

135 胶卷:是目前最常用的胶卷之一, 适用于 135 照相机。它的片幅大小为 24mm× 36mm。135 胶卷有每卷 36 张和 24 张两种规格。

120 胶卷:也是目前最常用的胶卷之一,它适用于 120 照相机。对 6cm×6cm 片幅的照相机,一卷 120 胶卷可拍 12 张;对于 6cm×7cm 片幅的照相机,可拍 10 张;对于 6cm×9cm 片幅的照相机,可拍 8 张。

220 胶卷:它的宽度与 120 胶卷一样,长度是 120 胶卷的两倍,它是为解决 120 胶卷长度较短、使用时需经常更换的麻烦而生产的。对于不同片幅的 120 照相机,用 220 胶卷所拍的张数均是 120 胶卷的两倍。

页片:它的最大特点是面积较大,并且拍摄时只能一张张地单独使用。页片适用于大片幅照相机,它常用规格有 4×5 英寸、5×7 英寸和 8×10 英寸等三种, 分别适用于 4×5 英寸、5×7 英寸和 8×10 英寸大片幅照相机。页片的片边一般刻有特殊的刻码,以便于在暗室中辨认。

图 2-1　135 胶卷

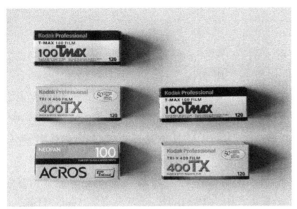

图 2-2　120 胶卷

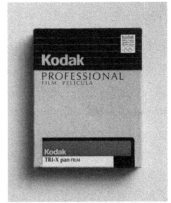

图 2-3　页片

Code Notches for KODAK Sheet Films

Note: When the notch is at the right-hand side of the top of the sheet, the emulsion side faces you

KODAK Black-and-White Films	Code Notch
Commercial 4127 Commercial 6127	
Contrast Process Pan 4155 (ESTAR Thick Base)	
Contrast Process Ortho 4154 (ESTAR Thick Base)	
EKTAPAN 4162 (ESTAR Thick Base)	
Fine Grain Positive 7302	
High Speed Infrared 4143 (ESTAR Thick Base)	
KODALITH Ortho 2556, Type 3	No Notch
KODALITH Pan 2568	
Matrix 4150 (ESTAR Thick Base)	
Pan Masking 4570	
Pan Matrix 4149 (ESTAR Thick Base)	
PLUS-X Pan Professional 4147 (ESTAR Thick Base)	
Professional Copy 4125 (ESTAR Thick Base)	
ROYAL Pan 4141 (ESTAR Thick Base)	
ROYAL-X Pan 4166 (ESTAR Thick Base)	
Separation Negative 4131, Type 1	
Separation Negative 4133, Type 2	
SUPER-XX Pan 4142 (ESTAR Thick Base)	
T-MAX 100 Professional 4052 (ESTAR Thick Base)	

KODAK Black-and-White Films	Code Notch
T-MAX 400 Professional 4053 (ESTAR Thick Base)	
Technical Pan 4415	
TRI-X Ortho 4163 (ESTAR Thick Base)	
TRI-X Pan Professional 4164 (ESTAR Thick Base)	

KODAK Color Reversal Films	Code Notch
EKTACHROME 64 Professional 6117 (Daylight)	
EKTACHROME 100 Professional 6122 (Daylight)	
EKTACHROME 100 PLUS Professional 6105 (Daylight)	
EKTACHROME 200 Professional 6176 (Daylight)	
EKTACHROME Professional 6118 (Tungsten)	
EKTACHROME Duplicating 6121 (Process E-6)	

KODAK Color Negative Films	Code Notch
VERICOLOR III Professional 4106, Type S	
VERICOLOR II Professional 4108, Type L	
VERICOLOR Internegative 4112 (ESTAR Thick Base)	
VERICOLOR Internegative 4114, Type 2	
VERICOLOR Print 4111 (ESTAR Thick Base)	

图 2-4　常见 Kodak 页片刻码。这些位于页片边缘的刻码将方便页片在暗房中被辨认。

(二)种 类

如果从黑白胶片的感色光角度去区分,黑白胶片有全色片、色盲片、分色片、染料型黑白胶片和红外黑白胶片等几种,其中以全色片最为常用。

全色片:全色片的感色范围非常宽,对可见光中的红、橙、黄、绿、青、蓝、紫色光都能感受。全色片将被摄物体以黑、白、灰三种色调表现出来,而色调的深浅相近于人眼对各种色彩亮度的感受。全色片的这一特性使得它对被摄物体的明暗层次表现较合乎我们的视觉习惯。

色盲片:色盲片只能感受可见光中的蓝、紫色光。它是因其对可见光中除蓝色、紫色光外的其他色光缺乏感光能力而被称为色盲片的。色盲片的特点是感光度低、反差大和颗粒性好。色盲片的主要用途是翻拍黑白照片或图表。用它翻拍的影像黑白分明、影纹细腻。因色盲片对其他色光无感光能力,所以它不适于彩色照片、图表的翻拍。

分色片:分色片也称正色片,它的感色范围比色盲片大,对可见光中的紫、蓝、青、绿和黄色光都能感受,但对红、橙色光不敏感。用分色片拍摄,影像的明暗层次表现比色盲片要好得多,已较接近人的视觉习惯,但由于它对红、橙色光的不敏感,所以,在一般的场合都用全色片来代替分色片。目前,分色片主要应用于印刷制版、黑白暗房特技、黑白照片和图表的翻拍等几方面。

黑白红外胶片:黑白红外胶片是一种特殊用途的胶片,它只能记录"可见光谱"以外的"红外线"部分与"可见光谱"中波长较短的蓝色光,对"可见光谱"中的红、黄、绿等色则反应迟钝。利用红外胶片的特殊感光性能,可以拍摄到一些凭肉眼无法感受到的特殊效果画面,例如:由于绿色树叶反射了较强的红外射线而在照片上变成白色;静止的水面通常因不反射红外射线而在照片上显黑色;加用一片红色滤光镜可将蓝天变成深黑色;薄雾下的远处景物,也会因红外射线比可见光有更强的穿透雾气能力,而使红外胶片可以记录比全色片更为清晰的影像。由于红外胶片对热辐射也能够感应,所以红外胶片的装卸必须要在远离热源的全黑环境里进行。

二、黑白相纸

黑白底片上的影像通过印相或放大在相纸上得以再现。由于照片最终用途各不相同,因此印相或放大时对相纸的选用也有所讲究。如果以相纸感光速度的高低来分,相纸有印相纸与放大纸之分;如果以相纸使用的材质来分,相纸有纸基纸和涂塑纸之分;如果以相纸的纸面类型来分,相纸有光面纸和布纹纸之分;而如果从相纸的反差性能角度来分,相纸则有分号纸与可变反差纸之分。

印相纸:供印相使用的相纸,它和放大纸的主要区别在于它们的感光速度不一样。由于通常印相时的光强大大强于放大时的光强,因此,印相纸的感光速度被设计得小于放大纸的感光速度,后者一般为前者的 10 倍。

放大纸:供放大使用的相纸,它的感光速度比印相纸高。虽然印相纸也可用于放大,但由于相纸感光速度低,需要很长的时间才能完成相纸曝光,如果需要加光处理,则需要更长的曝光时间,给操作带来许多不便。

纸基纸:简称 FB 相纸(FB 是英文 Fiber-based 的缩写)。纸基纸的感光乳剂涂布在传统的纸浆纤维上,它具有很强的吸水性,需要较长时间的水洗才能去除冲洗时残留在纸基内的化学药品。纸基纸具有很高的影像品质,并且只要处理得当,具有影像经久不变的特性,博物馆或美术馆收藏摄影作品时一般都要求使用纸基纸。

涂塑纸:简称 RC 相纸(RC 是英文 Resin-coated 的缩写)。涂塑纸的主要特点是将人造的聚乙烯涂布于纸基背面,以防止化学药品穿透纸基。涂塑纸可以在极短暂的时间内完成彻底的水洗,特别适合自动冲纸机的快速处理。涂塑纸是目前市面上最常见的放大纸,它适合于大多数摄影用途,但由于其影像的不稳定而不适于作长久保存、收藏之用。

光面纸:相纸表面有光泽,并具有清晰度高、层次丰富、相纸黑度好的特点,但它不适于制作大幅观赏性照片。

布纹纸:有绸纹纸与绒面纸两种,它们的纸面分别呈绸纹状与绒状,它们均为无光纸,这两种纸的清晰度不及光面纸高,但具有柔和的特性,因此,常用来制作人像照片;同时,由于它们的无反光性,也常被用来制作巨幅观赏性照片。

分号纸:依相纸反差大小的不同,分号相纸通常分为 1~4 号相纸,其中,1 号相纸的反差性最小,也称"软性相纸",它主要与反差较大的底片配合使用;2 号相纸的反差适中,它一般同反差、密度均正常的底片配合使用;3 号相纸的反差较大,也称"硬性相纸",它主要同反差较小的底片配合使用;4 号相纸的反差最大,也称"特硬性相纸",它主要同反差特别小的底片配合使用。

可变反差相纸:是一种用特殊光敏乳剂涂布的相纸。相纸按曝光时受到的光源色彩不同而产生不同的反差,因此,在使用可变反差相纸放大时,只要更换光源与相纸间不同颜色的"反差滤色镜",便可起到改变相纸反差的作用。可变反差相纸的反差通常有 0、1/2、1、$1\frac{1}{2}$、2、$2\frac{1}{2}$、3、$3\frac{1}{2}$、4、$4\frac{1}{2}$ 和 5 号等 11 级反差。不使用"反差滤色镜"时,可变反差相纸的反差特性相当于 2 号相纸的反差大小。

图 2-5 各类相纸

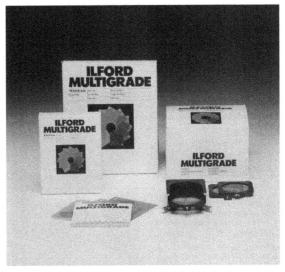

图 2-6 用于控制可变反差相纸反差特性的反差滤色镜

(1)00 号反差滤色镜

(2)0 号反差滤色镜

(3)0.5 号反差滤色镜

(4)1 号反差滤色镜

(5)1.5 号反差滤色镜

(6)2 号反差滤色镜

(7)2.5 号反差滤色镜

(8)3 号反差滤色镜

(9)3.5 号反差滤色镜　　　　　　　　　　　　(10)4 号反差滤色镜

(11)4.5 号反差滤色镜　　　　　　　　　　　　(12)5 号反差滤色镜

图 2-7　可变反差相纸在不同反差滤色镜下的反差效果(使用 Ilford RC 可变反差放大纸放大)

【思考题】

1.全色黑白胶片的感色特点是什么?

2.何谓涂塑相纸?何谓纸基相纸?它们有何不同用途?

3.可变反差相纸有何优缺点?

【名家佳作】

马克·吕布

法国著名摄影师马克·吕布(Marc Riboud,1923—2016)出生于法国里昂。他在第二次世界大战期间(1943—1945)参加过法国地下反法西斯游击队。战后,进入里昂的中央学院(Ecsle Centrale)学习机械,并于1948年毕业,成为一名工程师。1951年,他决定放弃工程师工作而成为一名自由摄影师,随后加入玛格南图片社。

马克·吕布是一位对东方社会和文化情有独钟的摄影师,他把镜头对准欧洲的同时,也从来未离开过对东方世界的关注。他一直以冷静而富于人文气息的视角,以朴质而平实的画面来展现他的东方世界。

特别值得一提的是,早在上世纪50年代,马克·吕布就作为少数获批的欧洲摄影师来中国采访,他由此开始了长达几十年的中国拍摄,他捕获的无数带着温情、直觉而富于诗意的经典瞬间成为了中国的时代缩影。

图 2-8 琉璃厂(1965 年) 马克·吕布摄

图 2-9 巴黎(1953 年) 马克·吕布摄

图 2-10　伦敦（1954 年）　马克·吕布摄

图 2-11　王府井（1957 年）　马克·吕布摄

图 2-12　天安门（1965 年）　马克·吕布摄

图 2-13　天安门（1971 年）　马克·吕布摄

图 2-14　日本(1957 年)　马克·吕布摄

图 2-15　上海(1965 年)　马克·吕布摄

理查德·阿维顿

理查德·阿维顿(Richard Avedon,1923—2004)是上世纪美国著名时尚摄影师。他从 21 岁开始,就一直为时装杂志 *Harper's Bazaar* 工作,直到 1966 年,他才为 *Vogue* 杂志拍摄时尚。

阿维顿同时也是一位伟大的人文摄影师。在 20 世纪 70 年代以后,他开始拍摄罹患癌症的父亲,去西部拍摄普通的油田工人和卡车司机,这些充满人文意味的照片比明星或时尚更具震撼力。阿维顿的摄影生涯也由此登上了一个新的高度。

不管是时尚摄影,还是人文摄影,阿维顿的作品往往有这么一个特点——背景几乎都是空白的,连影子也没有。对此,阿维顿这样解释:"我从一连串的'不要'出发,不要精致的灯光、不要表面的构图,不要摆姿势或述事。这些'不要'迫使我变成'要'。我要白色的背景,我要自己感兴趣的人,要我们之间发生的事。"这样,我们在关注其作品时,就不得不把所有的注意力都集中在白色背景前的人物。

图 2-16　玛莉拉·安姬奈莉,贵族,纽约(1953 年)　理查德·阿维顿摄

图 2-17　马特·克雷姆沙舍, 牧羊人 , 迈克·克雷姆沙舍 , 牧牛人 , 蒙特那(1983 年)　理查德·阿维顿摄

图 2-18　比尔·库瑞，旱地农场主，北大库塔(1982年)　理查德·阿维顿摄

图 2-19　比尔·库瑞,流浪者,俄克拉荷马(1980年)理查德·阿维顿摄

图 2-20　克伦斯·理帕德,流浪者,内华达(1983年)理查德·阿维顿摄

图 2-21　丹尼尔·舍罗哲，农场主，新墨西哥(1980年)　理查德·阿维顿摄

图 2-22 朵薇玛,模特,纽约(1957 年) 理查德·阿维顿摄

图 2-23 丹尼·赖恩,14 岁, 克瑞思汀·库欧,17岁,克罗拉多(1981 年) 理查德·阿维顿摄

◀ **基础篇**

第三章 黑白胶片常规冲洗

【关 键 词】 黑白胶片 常规冲洗
【实验目的】 掌握黑白胶片常规冲洗的药液选择、冲洗步骤及相关技术控制要领。

黑白胶片冲洗是黑白暗房技术的首要环节,它对最终影像的品质起着决定性作用。在冲洗时,我们必须遵从一定的步骤和规律,并进行必要的技术控制,才有可能获得一张完美的底片。

一、冲洗药液

(一)冲洗药液的种类

根据黑白胶片的冲洗原理,在冲洗过程中必须用到显影液、停显液、定影液、定影清除液和润湿剂等药液。

显影液:是最主要的冲洗药液,它作用于胶片,使曝光形成的潜影变成可以看得见的影像。在显影液与胶片发生反应的过程中,它使曝光了的银结晶体聚集在一起并使它们还原成黑色的金属银团,从而显现出金属银构成的影像,而未曝光的卤化银不受影响。胶片的曝光越多,银团就越厚。显影液呈碱性,它的种类较多,而且不同种类的显影液有着不同的特性。

停显液:停显液的主要成分是酸性的冰醋酸,它的主要作用是中和胶卷上的碱性显影液,使胶卷立即停止显影;同时,防止了胶卷上残留显影液对定影液的污染,起到保护定影液的作用。

定影液:定影液的作用是将胶片上以乳白色状态存在的、未感光的卤化银除去,将已析出的金属银永久地固定下来,并使胶片可以在明室中观看。定影液呈酸性,它的种类不多,其中最常用的是柯达酸性坚膜 F-5 定影液。

定影清除液:定影液必须从胶片上洗去,否则时间长了容易引起胶片变质。通常情况下,要使胶片得到充分、彻底的漂洗就必须进行长时间的水洗;而如果将胶片用定影清除液浸泡,就可又快又好地漂洗干净。定影清除液可以把胶片上的定影液转变成一种容易冲洗掉的化合物,因此与一般的水洗相比,能更快、更有效地完成漂洗工作。

润湿剂:将漂洗后的胶片直接悬挂晾干,水滴常常会附在胶片的表面而留下斑迹或条痕。如果将胶片在润湿剂的溶液里短暂处理,润湿剂可以减少胶片表面的张力,使水滴能更快地从胶片上流下来而不再依附在胶片上。

(二)药液的配制与保存

药液配制:在配制冲洗药液时,应注意以下事项:①选用高纯度的药品。药品按纯度通常有化学纯、分析纯和工业纯之分。摄影用药一般以选用化学纯和分析纯为宜,这样有助于提高药液的纯度。②最好用蒸馏水来配制药液。若无法做到这点,应将自来水煮沸后冷却,滤去沉淀杂质后再来配制药液。③药品的称量要准确,否则较难保证药液的正常性能。④在药品溶解时一定要让药品完全溶解,并按药液配方顺序来溶解药品。药品没完全溶解便加入另一种药品,或不按配方顺序来溶解药品都容易使冲洗药液的药性发生变化。

药液保存:药液保存需注意以下事项:①避光保存。光照容易使某些药液,尤其是显影液变质,因此,保存时通常将药液装在有避光作用的棕色瓶子里。②最好满瓶保存。许多药液比较容易氧化,用满瓶保存可有效地防止药液的氧化。③防止药液受热。药液过热容易产生分解而使药性发生变化,因此,保存时要远离电炉等热源。④若有可能,尽量用浓缩液保存,在使用时再稀释。浓缩液可使药液的性能更趋稳定。

(三)显影液的选择

冲洗黑白胶片,选择合适的显影液十分重要。现行的显影液种类较多,有厂家推荐的某牌号胶片专用显影液,也有采用通用配方的显影液;有显影速度极快的显影液,也有显影速度较慢的显影液;有冲洗出来胶片颗粒细腻的显影液,也有冲洗出来胶片颗粒较粗的显影液;有冲洗出来胶片反差较大的显影液,也有冲洗出来胶片反差较弱的显影液。我们要根据所使用的胶片和表现目的,对它们作出合理的选择。

柯达 D-76 显影液:是最为有名的黑白胶片显影液,虽然它有近百年的历史,但至今仍被广泛应用。它具有颗粒性好、解像力高和反差适中等特点,并对暗部的影调表现出色。同其他显影液相比,D-76 显影液在颗粒性、解像力和反差等方面有着很好的综合性能,因此,常被称为万能显影液。D-76 显影液一般有两种显影方式,一为原液使用,一为 1:1 稀释使用。前者颗粒较细,后者具有更锐利的特性。

柯达 D-23 显影液:是一种微粒显影液,它冲洗的颗粒比 D-76 细,层次也丰富,并能抑制影像的强光部位密度,即使显影过度,强光部位的密度也不会太厚。D-23 显影液的反差性明显小于 D-76 显影液。因此,D-23 显影液较适于冲洗拍摄时反差偏大的胶卷。

柯达 T-MAX 显影液:具有反差正常,颗粒中等的特点,特别适合于冲洗柯达 T-MAX 系列胶片。有强制显影能力。

柯达 HC-110 显影液:是比较通用的显影液。具有反差正常、颗粒中等的特点。

柯达 XTOL 显影液:是一种细颗粒、高锐度显影液,它的反差指数与其他显影液相似。

柯达 D-11 显影液:是一种硬性显影液,也称高反差显影液。用它冲洗速度快,反差强,影像的中间层次损失很大。柯达 D-11 显影液适用于需要高反差制作的胶卷,如翻拍、拷贝等。

柯达 DK-15 显影液：是一种高温情况下适用的显影液。显影的温度一般以 20℃为宜，一旦温度过高就容易使胶卷乳剂膜膨胀而出现起皱或划伤现象，并且容易使胶卷产生灰雾。为了防止这些现象的发生，在高温下显影宜选柯达 DK-15 显影液。

柯达 D-82 显影液：被称为最大能力显影液，它具有强力显影作用。所以，当显影温度过低时选用 D-82 显影液，不仅可减少因低温引起的感光度下降，同时也使显影时间不必过长。

依尔福 LC-29 显影液：细颗粒、高锐度显影液，冲洗出来的影像色阶表现完全。可用作增感显影。

依尔福 PERCEPTOL 显影液：是一种超高微粒显影液，可以提供最佳像质和极细微粒的显影结果。适合于被用于高倍率放大胶片的显影。

依尔福 Ilfosol-S 显影液：高浓度显影液，使用时需要稀释。适合于大多数胶片显影。颗粒和反差适中，影像层次较丰富。

依尔福 ID-11 显影液：是一种通用显影液，它在影像的颗粒、锐度、反差和层次表现等方面有很好的平衡。它的配方与柯达 D-76 显影液相同。

依尔福 ID-68 显影液：是一种增感显影液，它具有冲洗颗粒细，影像层次柔和、丰富等特点，在正常的显影时间下可将胶卷的感光度提高约一倍。若将冲洗的时间延长，胶卷感光度的提高就更大。依尔福 ID-68 显影液适用于拍摄时曝光过小需作增感冲洗的胶卷。

POTA 显影液：是一种超软性显影液，也称低反差显影液。当拍摄时景物反差过于强烈，用柯达 D-23 显影液冲洗仍无法降低反差时，则可考虑选用 POTA 显影液来冲洗。POTA 显影液具有出色的超软特性，它使影像阴影部位显影清晰，同时也保留了强光部位的层次。

矮克发 RODINAL 显影液：高浓度显影液，使用时需要稀释。颗粒和反差适中，能提供暗区与亮区极好的色调平衡。能发挥胶片的最高感光度。

二、显影罐装片

135 和 120 胶卷一般采用显影罐冲洗。在冲洗之前，必须要将胶卷卷在显影罐的片芯上，然后才能将片芯放到显影罐中冲洗。在胶卷显影中，装片相当关键，若装片出现失误，使胶卷弯折出了片道而前后两层"粘住"，药液就将无法同"粘住"部分的胶卷接触，"粘住"部分胶卷的影像也就无法显现。

目前，显影罐的片芯有塑料片芯和不锈钢片芯两种，它们的装片方法略有不同。

塑料片芯装片：从外向里将胶卷插入螺旋状的片道内，然后握紧左侧的片轴部分，将右侧片轴在两个端点之间来回转动，这样向前转可以带着胶卷转，向后转则只是卷轴自己转。反复拧转 30 余下，一般就可以将整卷胶卷装入片芯了。给塑料片芯装片，一定要保证装片前，片轴是完全干燥的，因为片道上的湿点会给插片带来困难。

不锈钢片芯装片：不锈钢片芯的螺旋状片道通常是从里向外卷片。装片时，先将片头钩住片芯的中央，然后沿着片道，慢慢地将胶片平稳地导入片道中。若感到有不正常的阻力或起伏不平，就需要将胶卷倒回一部分，然后再试装。为了使胶卷平滑地进入片道，装片时一定要保证手和片轴完全干燥。

无论是塑料片芯，还是不锈钢片芯，装片时手只能接触胶卷的边缘，以免在拍摄的画面上留下指纹。此外,显影罐装片的过程必须在全黑的环境里进行。如果你不熟悉装片操作,应在亮室中用过时的废胶卷进行练习。

 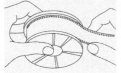 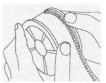 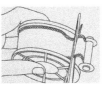 

(1)剪平胶卷片头　（2）将胶卷插入螺旋　（3）反复拧转,将　（4）剪掉胶卷片尾　(5)将片芯放入显影
　　　　　　　　　　状的片道内　　　　　胶卷全部转入片芯　　　　　　　　　　罐,盖好显影罐盖子

图 3-1　塑料片芯装片

 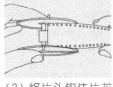 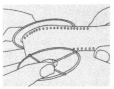 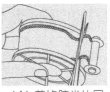 

(1)拿好片芯　　（2）将片头钩住片芯　(3)将胶片平稳地导　　（4）剪掉胶卷片尾　（5）将片芯放入显影
　　　　　　　　的中央　　　　　　入片道中　　　　　　　　　　　　　　　罐,盖好显影罐盖子

图 3-2　不锈钢片芯装片

三、黑白胶片冲洗具体步骤

黑白胶片冲洗的主要流程为:显影——停显——定影——水洗——干燥。其具体步骤和要领如下:

(1)在全黑环境中,将胶片装入显影罐。

(2)调节药液的温度。检查显影液、停显液、定影液、定影清除液的液温是否维持在20℃。

(3)将20℃的清水注入显影罐内,进行约1分钟的预湿。预湿的目的是使胶片感光乳剂能够均匀地吸收水分,防止显影开始时出现显影不均的现象。

(4)将预湿毕的清水倒出。注意,应将显影罐内的所有水分彻底倒出,以免影响显影液的浓度。

(5)将显影液注入显影罐。把20℃显影液以最快速度倒入显影罐内,可以将显影罐稍稍倾斜,以增加效率。对两卷装的、容量450ml的显影罐,应在10秒至15秒以内完全注满。之后,立即盖上显影罐帽盖,以防止显影液外漏。

(6)摇晃显影罐。在最初30秒内以每5秒6下的速率进行摇晃。然后每隔30秒摇晃5秒的频率进行,直至显影结束。在显影罐不摇晃时,应将其置于保温盒内,以维持20℃显影温度。

(7)在显影时间结束时,将显影液倒出显影罐。显影液通常不回收。

(8)注入停显液。把20℃停显液倒入显影罐内,以中和残留的显影液,保护定影液。

(9)倒出停显液。经过30秒左右的停显后,将停显液倒出。停显液通常不回收。

(10)将定影液注入显影罐。将20℃定影液注入显影罐,并做适当摇晃。

(11)定影时间结束时,将定影液倒出。由于定影液可重复使用,因此,对新鲜的定影液通常回收。

(12)第一次水洗。利用事先准备好的 5 公升 20℃清水进行水洗,大约每 15 秒换水 1 次。要不断地在水中轻旋片轴。第一次水洗换水 4 次即可。

(13)将定影清除液注入显影罐。将 20℃定影清除液注入罐内,进行约 2 分钟的清洗,并不断地旋转和提起片轴。

(14)倒出定影清除液。定影清除液通常不回收。

(15)最后水洗。把 20℃清水按第一次水洗的方式进行水洗,直至用完 5 公升清水,罐内剩下盛满的最后一次清水。

(16)将润湿剂注入显影罐。按说明书上的比例加入润湿剂。浸泡时间以 30 秒左右为宜。

(17)晾干。将胶片从片轴中取出,吊挂在阴凉、无尘之处晾干。

四、黑白胶片冲洗的技术要领

显影、定影和水洗是黑白胶片冲洗的技术控制关键,它们从本质上决定了冲洗影像的品质。

(一)显 影

显影是胶片冲洗的关键,胶片的密度、颗粒以及层次往往取决于这一过程。对显影的技术控制主要包括显影温度与时间,以及摇晃频率等。

1.显影温度与时间

温度与时间是显影的两个重要因素,在显影时间不变的情况下,显影温度过高,会导致显影过度,影像密度增大,反差加强,颗粒也变大,并易产生灰雾;反之,显影温度过低,则会导致显影不足,影像密度减小,反差减弱。而在显影温度不变的情况下,若显影时间过长,会导致显影过度,影像密度增加,反差加强,并易出现灰雾;当显影时间过短时,则会导致显影不足,影像密度减小,反差减弱。因此,在显影时温度过高或过低、时间过长或过短都会影响显影的质量。显影过程中应对温度和时间进行严格的控制。

(1)显影温度为 5℃的底片　　　　(2)显影温度为 10℃的底片　　　　(3)显影温度为 15℃的底片

（4）显影温度为 20℃的底片　　　　（5）显影温度为 25℃的底片　　　　（6）显影温度为 30℃的底片

图 3-3　温度对显影的影响。使用上海 100 胶片和 Kodak D-76 显影液测试,正常摇晃,显影时间 7 分钟。

（1）显影时间 1 分钟的底片　　　　（2）显影时间 2 分钟的底片　　　　（3）显影时间 3 分钟的底片

（4）显影时间 4 分钟的底片　　　　（5）显影时间 5 分钟的底片　　　　（6）显影时间 6 分钟的底片

(7)显影时间 7 分钟的底片　　　(8)显影时间 8 分钟的底片　　　(9)显影时间 9 分钟的底片

(10)显影时间 10 分钟的底片　　(11)显影时间 11 分钟的底片　　(12)显影时间 12 分钟的底片

(13)显影时间 13 分钟的底片　　(14)显影时间 14 分钟的底片

图 3-4　显影时间对显影的影响
（使用上海 100 胶片和 Kodak D-76 显影液测试，正常摇晃，显影温度 20℃）

　　显影的标准温度是 20℃，绝大多数显影液的性能在这一温度下得以很好的发挥，颗粒性、反差和冲洗时间等都得到较好的兼顾。不同的胶卷、不同的显影液在标准温度下冲洗的时间是各不相同的，每个胶卷都会将这些情况详细地列出以供使用者参考。

　　在显影时，我们应尽量将温度控制在 20℃，但当温控条件有限而无法做到这点时，通常用显影时间予以调节。当然，显影温度的变化范围不宜太大，以 20℃±5℃为宜，否则就会影响冲洗质量。一般地，因温度变化而引起显影时间的调整，每个胶卷也都会有较为精确的说明。根据经验，通常温度升高一度，显影时间减少半分至 1 分钟；而温度降低一度，则显影时间增加半分至 1 分钟。

　　2.显影摇晃

　　显影时进行摇晃的目的是使乳剂膜附近的显影液不断更新，防止因得不到更新而使药效下降，显影速度变慢；同时，摇晃还能防止显影不均匀和气泡产生。

　　显影摇晃的频率对冲洗的效果有着明显影响。摇晃过频，乳剂膜附近的药液更换及时，药液流速大，显影速度加速，随之而来的是影像的反差变大，颗粒变粗。摇晃过少，乳剂膜附近的药液更新慢，药液流速小，显影速度缓慢，这时影像的反差变小，并容易产生显影不均和气泡现象。

　　冲洗时，正常的摇晃控制如下：在显影开始的 30 秒内要不断地摇晃显影罐，随后，每 30 秒内摇晃 5 秒就可以，每次摇晃后还应轻磕显影罐一下，以防止气泡产生。

图 3-5　水平环　图 3-6　左右摇晃方式　图 3-7　横式左右摇晃方式　图 3-8　上下翻动式摇晃方式
转式摇晃方式

（1）整个显影过程中无摇晃的底片

（2）每 2 分钟摇晃 10 秒钟的底片

（3）每 30 秒钟摇晃 5 秒钟的底片

（4）每 30 秒钟摇晃 15 秒钟的底片

（5）整个显影过程基本不间断摇晃的底片

图 3-9　摇晃对显影的影响
（使用上海 100 胶片和 Kodak D-76 显影液测试，显影温度 20℃，显影时间 7 分钟）

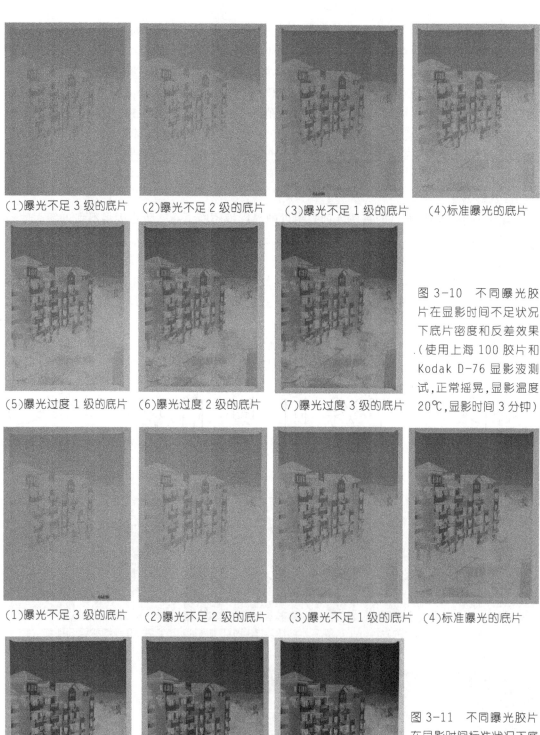

(1)曝光不足 3 级的底片　(2)曝光不足 2 级的底片　(3)曝光不足 1 级的底片　(4)标准曝光的底片

(5)曝光过度 1 级的底片　(6)曝光过度 2 级的底片　(7)曝光过度 3 级的底片

图 3-10　不同曝光胶片在显影时间不足状况下底片密度和反差效果（使用上海 100 胶片和 Kodak D-76 显影液测试，正常摇晃，显影温度 20℃，显影时间 3 分钟）

(1)曝光不足 3 级的底片　(2)曝光不足 2 级的底片　(3)曝光不足 1 级的底片　(4)标准曝光的底片

(5)曝光过度 1 级的底片　(6)曝光过度 2 级的底片　(7)曝光过度 3 级的底片

图 3-11　不同曝光胶片在显影时间标准状况下底片密度和反差效果（使用上海 100 胶片和 Kodak D-76 显影液测试，正常摇晃，显影温度 20℃，显影时间 7 分钟）

(1)曝光不足 3 级的底片

(2)曝光不足 2 级的底片

(3)曝光不足 1 级的底片

(4)标准曝光的底片

(5)曝光过度 1 级的底片

(6)曝光过度 2 级的底片

(7)曝光过度 3 级的底片

图 3-12　不同曝光胶片在显影时间过度状况下底片密度和反差效果（使用上海 100 胶片和 Kodak D-76 显影液测试，正常摇晃，显影温度 20℃，显影时间 11 分钟）

（二）定　影

胶卷经显影、停显后，感光部分的卤化银以黑色的金属银呈现出来，而未感光部分的卤化银则以乳白色的状态存在，定影的作用就是将已析出的金属银永久地固定下来而将呈乳白状的卤化银溶解掉。

定影使用的是定影液，它的种类远较显影液少，最常用的定影液是柯达酸性坚膜 F-5 定影液。与显影一样，在定影过程中也应掌握好温度与时间。

定影的温度没有显影这么严格，一般以 15℃~25℃为宜。温度过低，定影的速度很慢；温度过高，易使胶卷的乳剂发软而受损。

定影的时间除了与定影液的种类、定影时的温度有关外，还同定影液的新旧程度有关。很显然，定影液的种类不同，所需时间肯定不同；对于温度，高时所需时间少，而低时所需时间多；对于定影液的新旧程度，新的所需时间少，而旧的所需时间多。那么如何计算所需的定影时间呢？我们不妨采用这么一个实用经验：先计算胶卷"定透"的时间，也即胶卷从进入定影液直至乳白状的卤化银变成透明所需的时间，然后将定影时间再延长一个"定透"时间，则定影时间就足够了。当然，在定影过程中也要不断地搅动，同时操作要细心谨慎，以免胶卷划伤或受损。

（三）水　洗

水洗的主要目的是洗去胶卷上残留的定影液和可溶性银盐。水洗对底片的长远保存有很大影响，若水洗不彻底，残留在胶卷上的大苏打会同黑色的金属银起反应，使黑色的银变为黄褐色的硫化银，甚至会出现底片上影像消褪现象。

水洗的效果同样与温度和时间有关。水洗的温度也以控制在15℃~25℃为宜,温度过低,难以彻底水洗;温度过高,则容易引起乳剂膜发软受损。标准的水洗温度为20℃。水洗方法按照上面冲片步骤12—15介绍的方法进行。如果没有定影清除液,也可用流动水直接水洗20分钟。若温度低于20℃,则增加水洗时间;若温度高于20℃,则减少水洗时间,增加或减少的时间为2分钟/℃左右。

(四)干　燥

干燥是胶卷冲洗的最后阶段。干燥有两种方式,即自然晾干和烘箱烘干。自然晾干是将胶卷挂起让其自然地干燥,而烘箱烘干则是将胶卷置于烘箱中,利用烘箱中热风将胶卷干燥。

在胶卷的干燥过程中,应当注意水珠和灰尘的影响。在胶卷干燥前一定要将胶卷上的水珠抹去,不然,在干燥后就会在底片上留下明显的水迹,影响影像质量。其次,干燥时一定要严防灰尘沾上胶卷,否则,沾满灰尘的胶卷在放大制作时会产生许许多多白色的"花点"。

【思考题】

1.黑白胶片冲洗包括哪些具体步骤?

2.黑白胶片显影的主要技术要领是什么?

3.黑白胶片定影的主要技术要领是什么?

4.黑白胶片水洗的主要技术要领是什么?

【名家佳作】

埃伯哈德·格拉姆斯

埃伯哈德·格拉姆斯(Eberhard Grames,1953-)生于德国。在1978年成为自由摄影师之前,在大学学习民族学、艺术史和德国文学。1982年开始经常赴日本、中国、俄罗斯、澳大利亚、欧洲和美国从事以文化历史为主题的摄影报道。1986年开始从事静物拼贴摄影创作。

格拉姆斯擅长使用8×10英寸大画幅照相机。在他的静物摄影作品里,贝壳、鱼、蛇、蜥蜴、羽毛等标本和皮革、丝绸、字画等元素不断变换组合,诉说着一个个心痛而美丽的故事。1995年出版的《残破的精神》(*Broken Spirits*)是其静物摄影代表作。

图3-13 装饰纸上的羽毛(1992年) 埃伯哈德·格拉姆斯摄

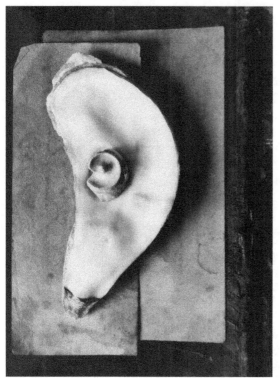

图 3-14 装饰纸上的羽毛(1992 年) 埃伯哈德·格拉姆斯摄

图 3-15 兰花和蜥蜴（1990 年） 埃伯哈德·格拉姆斯摄

图 3-16 鬣蜥情侣(1990 年) 埃伯哈德·格拉姆斯摄

图 3-17 月光贝壳（1994 年） 埃伯哈德·格拉姆斯摄

图 3-18　牡蛎(1995 年)　埃伯哈德·格拉姆斯摄

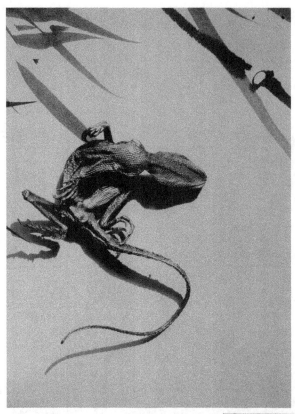

图 3-19 中国画(1992 年) 埃伯哈德·格拉姆斯摄

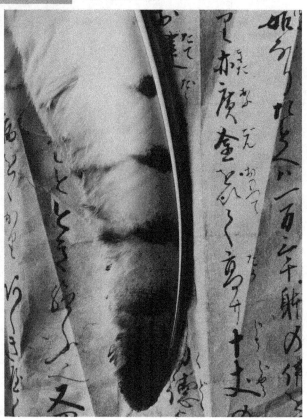

图 3-20 黑与白（1995 年）埃伯哈德·格拉姆斯摄

查克·克洛斯

查克·克洛斯(Chuck Close,1940—)出生于美国华盛顿州门罗市,是美国当今最受推崇的画家和摄影师之一。他1962年获得美国西雅图华盛顿大学的学士学位,1964年获得耶鲁大学硕士学位。

克洛斯的摄影作品大多是巨幅的家人和艺术圈朋友的肖像,通过逼真的细节、完美的影调、强烈的虚实对比,以及精彩的瞬间神态来表现被摄者独特的精神和气质。克洛斯的伟大不仅在于作品之精彩,更在于他1988年被诊断为脊髓动脉崩溃时,面对先天的面孔失认症和意外的身体瘫痪之后,依然对艺术执著地坚持。克洛斯有着"艺术世界的英雄人物"之称,对他来说,描绘和拍摄亲朋好友的肖像,就是为了在记忆中锁住他们的面孔。

图3-21 罗伯特·威尔森(2000—2001年) 查克·克洛斯摄

图 3-22　自摄像(2000—2001 年)　查克·克洛斯摄

图 3-23 辛迪·舍曼(2000—2001 年) 查克·克洛斯摄

图 3-24 依莉莎白·慕芮 (2000—2001 年) 查克·克洛斯摄

图 3-25 波伯·霍勒曼 (2000—2001 年) 查克·克洛斯摄

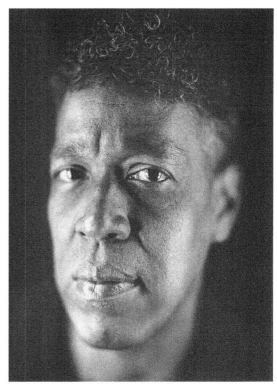

图 3-26 安德列思·舍拉诺(2000—2001 年) 查克·克洛斯摄

图 3-27 依莉莎白·裴桐（2000—2001 年）
查克·克洛斯摄

图 3-28 特锐·温特斯（2000—2001 年）
查克·克洛斯摄

第四章　黑白照片放大

【关 键 词】　黑白照片　放大
【实验目的】　学会正确选用放大相纸,掌握黑白照片放大技术要领。

放大就是将底片上的负像制作成照片中所呈现的正像的过程。摄影家安塞尔·亚当斯(Ansel Adams)曾形象地把黑白照片的放制比作演奏一首曲子。不同的演奏,韵味意境可能迥然相异,可能了无生趣,也可能有如天籁。黑白照片的放大不像黑白胶片冲洗,我们可以对一张黑白底片从容不迫地反复进行放大,直至获得满意的影像效果为止。但是,黑白照片放大的这种可重复性,并不是允许我们可以忽视放大的基本技术和技巧;恰恰相反,只有我们好好掌握放大的基本技术与技巧,才有可能使底片上的影像得以完好地再现。

一、放大相纸的选用

放大照片时选择合适相纸的重要性犹如拍摄时选择合适的胶片一样, 使用不得当的相纸会大大降低你作品的表现力,而合适的相纸则会使你的作品锦上添花。

根据放大相纸的纸基材质、纸面特性和反差性能不同,放大相纸有不同的分类。以材质来分,放大相纸有纸基纸和涂塑纸之分;以纸面特性来分,放大相纸有光面纸和布纹纸之分;而以反差性能来分,放大相纸则有分号纸与可变反差纸之分。

选用相纸的首要原则是相纸的反差性必须要与底片的反差相适宜。一般来说,在分号相纸中,对于反差大的底片,宜选用 1 号相纸,1 号相纸是"软性相纸",它可以调和底片上过大的反差;对于反差、密度均正常的底片,宜选用 2 号相纸,2 号相纸的反差适中,它可以很好地保持底片上原有的反差和细节;对于反差较小的底片,宜选用 3 号相纸,3 号相纸是"硬性相纸",它的反差性较大,使用它可将底片上影像的反差加大;对于反差特别小的底片,则应选用 4 号相纸,4 号相纸是"特硬性相纸",它有极大的反差性,可很好地提高底片上影像的反差。当然,在相纸反差性的选择上,我们也可方便地选用可变反差相纸,通过放大时,更换光源与相纸间不同颜色的"反差滤镜",起到改变相纸反差大小的作用。

此外,选用相纸还需考虑照片的用途。照片的用途不同,相纸的选择也有不同的讲究。
印样:应选择有光泽的光面相纸,因为这种相纸最能反映影像的细节与层次。
试样:应选择与最后印放出来作品完全一样性质的相纸,因为只有这样才能预视所选用相纸的最终效果。

相册照片:由于相册一般不大,因此采用光面相纸有利于获得最佳的质感和细节。

一般展示用照片:应选择无光泽的布面相纸。

比赛用照片:最好选择厚度较厚的布面相纸。

展览用照片:选择厚度最厚的无光照或半光泽布面相纸,并且为了突出展出效果,最好选择最高品质的相纸。

档案照片:为了防止影像衰变,应选择纸基相纸,并且水洗要绝对彻底。

二、黑白照片放大主要步骤

黑白照片放大的主要步骤如下:

(1)完整的放大照片　　　　　　　　(2)曝光试样区域

图4-1　曝光试样的区域一般要涵盖画面的最亮区、中间调区和最暗区

1)清洁底片。用吹气球或喷射器彻底清洁底片,否则,底片上的灰尘或污迹将会在照片上成为花点或花斑。

2)将要放大的底片放入放大机的底片夹内。在安放底片时应注意将底片的药膜面向下朝向镜头,否则,放大出来的照片中影像会左右相反。另外,在安放底片时最好将底片上的影像倒置放置,这样,在放大尺板上观察到的影像才会上下不颠倒,便于操作。

3)改变放大机的高度,也即升降放大机机头,直至放大影像与所要求的尺寸大小一致为止。

4)开大光圈,用调焦旋钮调焦,使影像清晰地成像于放大尺板上。在调焦过程中,一定要做到调焦精确,否则,放大照片的清晰度将会受到影响。视力不佳者,可借助对焦器来进行精确对焦。

5)收缩光圈。为了保证调焦时影像有最大的亮度和调焦精度,调焦时将光圈开至最大;而调焦完毕,在放大前应将光圈缩小。缩小光圈有三大好处:1.可以改善镜头在大光圈时所产生的像差,特别是可以提高光线的均匀度,使放大照片的中央与四周亮度一致;2.可以加大焦深,即使对焦稍有不准或放大时相纸卷翘不平,成像不实的缺陷可得到弥补;3.光圈缩小,镜头通光量减弱,放大相纸的曝光时间相对延长,这样摄影者可相对从容地进行减光操作。放大时,镜头光圈的收缩一般以1—2级为宜,若将光圈收缩得过小,会产生衍射现象,反而影响影像质量。

6)曝光试样。经曝光试样准确后再进行全幅放大,可以节约许多相纸。放大的曝光试样,一般要选择能兼顾影像各种密度的部位进行。

7)冲洗试样。如果试样效果不理想,重新试样。

8)当试样的效果理想后,进行全幅放大。

(9)对放大照片进行冲洗与干燥。

三、放大照片的冲洗控制

同黑白胶片的冲洗一样,黑白照片放大的冲洗也包括显影、停显、定影、水洗和干燥等过程。

显影:照片冲洗最常用的显影液是柯达D-72显影液。它是一种中性显影液,显影的反差、时间等都较适中。相纸显影的要领是:在显影开始时一定要将相纸完全浸在显影液中,并且药膜面朝下;在显影过程中要不断翻动相纸,以使相纸药膜表面的显影液不断更新。在曝光准确的情况下,显影时间一般为2分钟左右。在实际操作中,可稍稍延长或缩短显影时间来调节轻微的曝光不准确。若曝光严重不准确,则无法用显影时间来调节了。此外,显影时,除非想通过显影液温度调节的方法来改善影像的反差状况,否则应尽量将显影液的温度控制在20℃左右,这样,显影的反差效果和显影时间才显得正常。

停显:停显的目的主要是中和相纸上的碱性显影液,保护酸性定影液。停显一般用停显液,但有时方便地用清水来代替,只不过使用清水不及使用停显液那样能有效地保护定影液。

定影:常用的定影液是柯达酸性F-5定影液。定影的最佳温度宜控制在20℃。定影的第一个要点是掌握好定影时间,定影时间过短,影像不够稳定;定影时间过长,会使影像被漂白,影调被改变。对于新鲜的定影液,定影时间一般为10分钟;随着定影液逐渐变旧,定影时间逐渐增加;当定影液定影了一定数量照片后,应将其弃去。定影的第二个要点是,在定影过

(1)显影不足的照片　　　　　(2)显影正常的照片　　　　　(3)显影过度的照片

图4-2　曝光不足的相纸在不同显影状况下的影像效果

(1)显影不足的照片　　　　　(2)显影正常的照片　　　　　(3)显影过度的照片

图4-3　曝光正常的相纸在不同显影状况下的影像效果

(1)显影不足的照片　　　　　(2)显影正常的照片　　　　　(3)显影过度的照片

图4-4　曝光过度的相纸在不同显影状况下的影像效果

程中要不断搅动照片,尤其在同时定影许多照片时,更应通过搅动使照片彼此分离,不然,容易造成定影不完全的结果。

水洗:水洗的主要作用是冲洗掉残留在相纸内的定影液和盐的化合物。如果水洗不彻底,照片会很快被污染,而出现发黄、褪色现象。水洗以流动水为好,水温宜在15℃~25℃,涂塑相纸的水洗时间较短,一般只需10分钟左右,而纸基相纸的水洗时间较长,至少要一个小时以上。同样,水洗时也要不断翻动照片,这样,才能水洗彻底。

干燥:使用涂塑纸来放大,在水洗完毕后,要将照片表面和背面的水珠用刮水器刮去,让其自然晾干便可。纸基相纸一般在干燥后会有明显的卷曲不平,需要用专门的热压设备将其压平。

四、黑白照片放大实用经验

在照片放大中,下面这些经验相当实用,熟悉并牢记它们,会给你的放大带来许多便利。

(1)放大的曝光时间不要太长或太短,通常以15秒左右较合适。曝光时间过分长或过分短,会给局部加光和减光带来不方便,因为相对于过分长或过分短的曝光时间,局部加光和减光的时间也会变得特别长和特别短。

(2)照片的放大尺寸越大,所需要的曝光就越多。因此,在改变照片放大尺寸时,应重新做曝光试样。

(3)不同牌号、不同反差号数相纸的感光性能都不相同,因此,换用新的相纸时,应重新做曝光试样。

(4)底片被放大成照片的尺寸越大,反差变得越低。如果要将底片放大成大照片,而又要保持原来小照片一样的反差,则要选用比原来相纸反差高一些的相纸。例如,一张底片用2号相纸放大成10"×12"的照片,若改放成16"×18"的照片,并要具有与原来相近的反差,则可能要选用3号相纸才能满足要求。

(5)照片的显影时间不能小于厂家推荐的最短显影时间。如果未经充分显影就将照片从显影液中取出,照片上会出现显影液不匀的条纹,并且缺乏纯黑色调。如果在最短的显影时间内照片色调变得太深了,应减少曝光重新放大,并让其充分显影。

(6)在放大照片色调和亮度的判别和评价中,应考虑相纸的烘干效应。所谓的烘干效应,就是指在水洗槽内漂洗的色调层次优异的相纸,在完全干透后色调变得沉闷,外观的反差也有所下降。产生相纸烘干效应的原因在于相纸在湿润状态时其凹凸不平的表面填充了一层水分,使相纸的表面反射率提高,造成色调范围扩大的效果,而一旦这层水分消失,相纸表面反射率就降低,色调就变得沉闷。因此,在考虑到相纸的烘干效应后,严格而准确的曝光时间应比在水洗槽内看到的理想试样的"合适曝光时间"要短,有经验的摄影家通常以减少5%"合适曝光时间"作为对相纸烘干效应的补偿。

【思考题】

1.如何选用放大相纸?

2.如何进行放大曝光试样?

3.放大时为何要收缩镜头光圈?

4.放大照片的冲洗有哪些控制要领?

【名家佳作】

杉本博司

　　杉本博司(Hiroshi Sugimoto,1948—)出生于日本东京,1970年毕业于日本立教大学经济系后移居美国,1972年毕业于洛杉矶艺术中心设计学院。1974年定居纽约,并开始从事摄影创作。三十多年来,他围绕着时间、记忆、梦想和历史主题,以传统影像语言创作了 "剧院 (Theaters)"、"海景 (Seascapes)"、"建筑 (Architecture)"、"画像(Portraits)"和"数学的形体(Mathematical Form)"等一系列足以影响当代摄影界的作品。

　　摄影需要技术和技巧,更需要思想和创造力。杉本博司作品的价值和意义并不在于作品简单、平静,甚至毫无生气的表面,而是在于他蕴藏在作品背面的思考和观念。

　　杉本博司2001年获得"哈苏布莱德(Hasselblad)摄影奖"。评委会对其的获奖评语这样写道:"杉本博司是我们这个时代最令人尊重的摄影家之一。他的重要摄影题材都是对艺术、历史、科学与宗教的诠释。他将东方哲学思想与西方文化主旨完美地结合在一起。"

图4-5　巴斯海峡,泰布岬(1997年)　杉本博司摄

图 4-6 伯顿海,犹他威尔(1993 年) 杉本博司摄

图 4-7 加勒比海,牙买加(1980 年) 杉本博司摄

图 4-8 阿卡狄亚,米兰(1998 年) 杉本博司摄

图 4-9 木工中心,理查蒙德(1993 年) 杉本博司摄

图4-10 光线的教堂(1997年) 杉本博司摄

图4-11 世贸中心(1997年) 杉本博司摄

图4-12 佛海(1995年) 杉本博司摄

维利·罗尼

维利·罗尼(Willy Ronis,1910—2009)是法国著名摄影家。他少年时倾心音乐,希望有朝一日成为作曲家。1932 年却因父亲得癌症不得不中断小提琴学习,掌管起家庭照相馆业务。1949 年父亲病故后,关闭家庭照相馆,加入 Rapho 摄影社,开始职业摄影生涯。

罗尼生于巴黎,长于巴黎,对巴黎有着无比深厚的感情。在罗尼长达半个多世纪的摄影生涯中,巴黎市民的日常生活是他最为用情的主题。罗尼崇尚"平平淡淡才是真"的拍摄理念,他说:"我不是属于空街的摄影师。对我来说,人群比他们周遭的建筑物和环境有趣得多了,我不记录建筑物,但我记录情感之歌。我是道路诗歌的回忆录作者。我不追逐那些不寻常的、新奇古怪的事物,我只捕捉那些我们日常生活里最常见的东西。"

罗尼的一生为法国留下了极其宝贵的影像财富。2009 年,在他走完 99 岁人生岁月之际,时任法国总统的萨科齐这样评价:罗尼用手中相机为一代又一代法国人"永远留住了属于人民的、富有诗意的法兰西"。

图 4-14　小巴黎人(1952 年)　维利·罗尼摄

图 4-15 幼儿园（1960 年） 维利·罗尼摄

图 4-16 七月圆柱的投影（1957 年） 维利·罗尼摄

图 4-17 城堡上的恋人（1957 年） 维利·罗尼 摄

图 4-18　威尼斯(1959 年)　维利·罗尼摄

图 4-19 理查德·勒奴瓦大道(1946 年) 维利·罗尼摄

图 4-20 街景(1956 年) 维利·罗尼摄

◀ **提高篇**

第五章 黑白胶片非常规冲洗

【关 键 词】 黑白胶片 非常规冲洗
【实验目的】 掌握增感显影、补偿式显影和水浴法显影等常用黑白胶片非常规冲洗的方法及相关技术控制要领。

由于被摄对象的光照状况和反差特性千变万化，要获取一张高品质的底片，有时不得不采取一些非常规冲洗。在众多非常规冲洗方法中，以增感显影、补偿式显影和水浴法显影最为常用。

一、增感显影

当你碰到拍摄现场光线较暗，或需要用高速快门凝固住你拍摄主体的动态，而你手头又没有高速胶片时，你最常用的处理方法一定是"增感"。"增感"的实质就是对胶片实施增感显影，即使胶片模拟增加片速而采取的强迫显影。通过增感显影，可以将感光度 ISO400 的胶片增感成 ISO800，甚至 ISO1600 来使用。

增感显影的本质与"曝光不足，显影过度"的显影方式一样，所不同的是，"增感"这一术语只用于弱光摄影，尽管一般增加反差的方法与增感显影的结果一样，但也不能算作"增感"。

增感显影可使用一般的显影液，如 Kodak D-76 等，但最好使用专用的增感显影液，如 Ilford Microphen 和 Kodak Hc-110 等。使用专用的增感显影液，不仅获得的底片质量较好，而且由于专用增感显影液的工作已利用模拟增加显影时间的原理，所以使用专用增感显影液时，按正常显影时间显影就相当于使用一般显影液而延长显影时间显影。

由于增感显影的实质就是"曝光不足，显影过度"，因此显影结果难免存在这些缺陷：因曝光不足而使暗区缺乏细节、因显影过度而使反差增大，以及因显影过度而使底片的颗粒增大。在采用增感技术之前，增感显影的缺陷必须被清楚地意识到，如果你对拍摄对象的品质要求高于其内容，则不宜采用增感技术；而如果拍摄对象的内容重要于其品质，则增感技术的这些缺陷还是可以接受的，因为能拍摄到一幅画面与放弃这一拍摄画面毕竟是不一样的。

二、补偿式显影

补偿式显影就是利用"补偿式显影液"的化学特性，对底片上接受曝光较少的暗区和中间调区域给予等比例的完整显影，而对底片上曝光较多的亮区作限制显影，由此可将高反差的画面在底片上作较大幅度的压缩。

Kodak D-23 和 HC-110(以 1:30 稀释)是最常见的补偿式显影液，使用它们显影，不仅暗区的大片细节得以保留，而且亮区的层次也有着优异的表现。Kodak D-23 的配方见附录二，其显影的温度 20℃，时间约 12 分钟。

Kodak HC-110 显影液是柯达公司配制的一种糖浆状的浓缩显影液，它因黑白摄影大师安塞尔·亚当斯(Ansel Adams)经常将它稀释用作补偿式显影液而著名。安塞尔·亚当斯在使用时首先以 1:3 的比例将 HC-110 稀释成贮存液，然后将贮存液以 1:30 的比例稀释成补偿式显影液。其显影控制如下：温度 20℃，时间约 18~20 分钟，在显影最初的 1 分钟连续摇晃，尔后，以每显影 3~4 分钟摇晃 15 秒钟的频率进行。

图 5-1 正常曝光、正常显影的底片

图 5-2 按增感 2 级曝光、并采取增感显影的底片

图 5-3　正常曝光、正常显影的底片

图 5-4　采取补偿式显影的底片

三、水浴法显影

水浴法显影是用来降低底片的整体反差,设法保留暗区纹理而设计的显影方式。它的操作方式与原理是:先让胶片在显影液中显影一段时间,使显影液渗透到底片乳剂内,然后将胶片移到清水中,不加搅动,这时,胶片上亮区部分的显影液很快就会疲乏,而暗区部分的显影液仍在继续显影。这样反复进行直至得到所需的影像密度范围为止。

上面所述的 Kodak D-23 显影液是常用的水浴显影液,除此之外,我们也可使用 Amidol 水浴显影液。Kodak D-23 显影液和 Amidol 水浴显影液的配方见附录二。需要注意的是,由于 Amidol 水浴显影液在 21℃ 的环境里极易氧化,因此应以冷水进行调配。

图 5-5　正常曝光、正常显影的底片

图 5-6　采取水浴法显影的底片

【思考题】

1.何谓增感显影？它有何优缺点？

2.何谓补偿式显影？它对拍摄影像有何调节作用？

3.何谓水浴法显影？它对拍摄影像有何调节作用？

【名家佳作】

森山大道

　　森山大道(Moriyama Daido,1938—)出生于日本大阪的池田市。他职业高中期间学习平面设计,1958年成为一个平面设计师。但后来他迷上了摄影,先后在日本著名摄影师岩宫武二和细江英公的摄影棚担任助手。1968年,他参加日本先锋摄影团体"挑衅"(Provoke),开始显露才华。之后,他一直以独具魅力的影像走在日本摄影最前沿,并获得了世界性声誉。

　　森山大道迷恋都市和街头。都市和街头是他唯一的摄影题材。对他来说,摄影是一件做不完的事情,街上也永远都在发生令人着迷的事情。他的摄影作品模糊、晃动、高反差和粗颗粒,从影像技术素质角度去评判或许并不完美,但是,正是这种带着强烈"森山风格"的影像表达了他对现实世界的独到认识和敏锐反应。他认为:"这个世界并不全是清洁美丽的,还有一些奇异的、古怪的、可疑的东西。美丽的东西不是我感兴趣的。我关注的正是生活中奇异的、古怪的、可疑部分。这些东西丰富了我们对世界的体验,从另一个角度构成了或者说重塑了我们对美的认识。"

图 5-7　东京 (1970 年)

森山大道摄

图 5-8　大阪(1996 年)　森山大道摄

图 5-9　犬的记忆 3(1981—1982 年)　森山大道摄

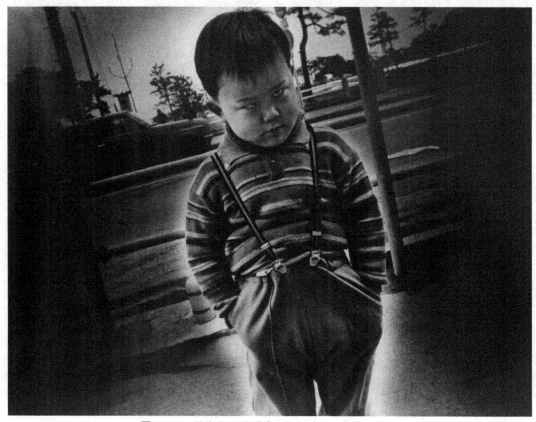

图 5-10　日本的三种视像(1974 年)　森山大道摄

图 5-11　犬的记忆终曲（2001 年）　森山大道摄

图 5-12　新宿（2000—2004 年）　森山大道摄

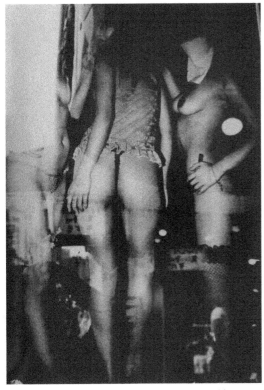

图 5-13　东京（1978 年）　森山大道摄

图 5-14　新宿（2000—2004 年）　森山大道摄

米切尔·阿克曼

米切尔·阿克曼(Michael Ackerman,1967-)出生于以色列。他 7 岁移居美国,18 岁在纽约大学求学期间加入一个摄影组织。1990 年在他大学毕业前半年,他放弃学业,前往纽约拍摄都市和街道。从此开始他的职业摄影生涯。

1999 年,阿克曼出版了作品集《终止时间的城市》(*End Time City*),2011 年,他的另一本作品集《半条生命》(*Half Life*)面世。在这两本分别取材于印度和波兰、柏林的作品集里,阿克曼为我们展示了一个他眼中由渴望和困扰组成的世界。他利用粗犷、低沉的影调和某种难以名状的不安情绪的渲染,表达对生命的爱和敬畏,同时也暗示着他对现实世界的种种不满、疑虑和痛苦。

图 5-15　"半条生命"系列之三(1995—2000 年)　米切尔·阿克曼摄

图 5-16　"半条生命"系列之二(1995—2000 年)　米切尔·阿克曼摄

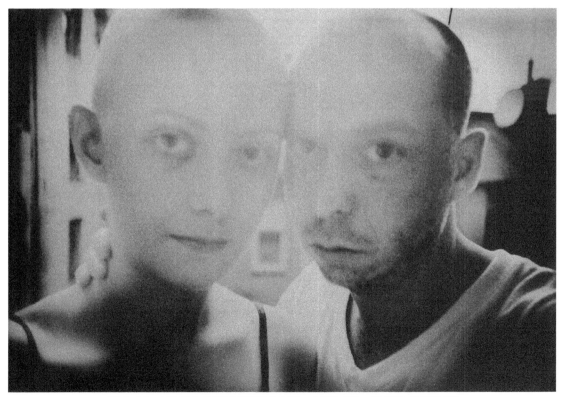

图 5-17　"半条生命"系列之四(1995—2000 年)　米切尔·阿克曼摄

图 5-18　"半条生命"系列之五(1995—2000 年)　米切尔·阿克曼摄

图 5-19　"终止时间的城市"系列之一(1993—1997 年)　米切尔·阿克曼摄

图 5-20　"终止时间的城市"系列之二(1993—1997 年)　米切尔·阿克曼摄

图 5-21　"终止时间的城市"系列之三(1993—1997 年)　米切尔·阿克曼摄

图 5-22　"半条生命"系列之一(1995—2000 年)　米切尔·阿克曼摄

第六章　照片放大的局部加光和减光

【关键词】　照片放大　局部加光　局部减光
【实验目的】　掌握照片放大中局部加光和局部减光技巧，以制作出影调、层次及细节均良好的照片。

　　局部加光和减光是黑白照片放大制作中极其重要的技巧。拍摄和胶片冲洗时，由于各种原因，常常会使底片上的某些区域的密度过厚或过薄，如果按正常的曝光和反差调节，这些区域的影纹仍有可能难以清晰地表现出来，而如果在放大时运用局部加光和减光的技巧，就可以获得理想的效果。

一、局部减光

（一）减光工具

　　当照片中需减光的区域范围较大时，可借助手及手掌做出的各种形态进行遮挡；如果照片中需要减光的区域范围很小，则要制作一些减光工具进行遮挡。常用的减光工具通常由黑色的卡纸剪成圆形、方形、三角形，或按照减光区域的轮廓剪成稍小形状，粘在细铁丝的顶端而成。

图6-1　常用局部减光工具

（二）局部减光技巧

　　减光时，手或减光工具要保持一定的高度，通常以其投影略小于减光区域为好。千万不要让手或减光工具过于贴近相纸，因为手或减光工具越是贴近相纸，其投影轮廓线越是明显锐利，也越容易在照片上露出减光的痕迹。此外，在减光时除了力求使减光区域准确外，应不停地左右、上下晃动遮挡工具，这样，减光与没减光区域交接处的影调就不会发生突变，过渡自然，也看不出减光的痕迹。

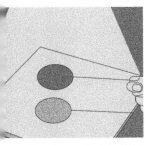

2 采用减光工具进行局部

3 利用手的不同造型进行
减光

未经任何减光处理的放大照
片下方因曝光过度,缺乏必要
细节与层次。

(2)放大时对照片下方适当减光,显示出必要的细节和层次。

图 6-4 当照片中暗区出现层次和细节合并现象时,往往可通过放大时局部减光的方法加以改善。邵大浪摄
于美国华盛顿。

（1）未经任何减光处理的放大照片，照片暗区层次与细节表现不佳，且影调沉闷。

（2）放大时对照片的右区进行适当减光处理，不仅显示出丰富的细节和层次，而且影调变得明快。

图 6-5　放大时通过局部减光不仅可以改善暗区的层次和细节再现效果，而且还可有效地改善照片的影调效果。邵大浪摄于美国旧金山。

二、局部加光

（一）加光工具

　　局部加光的原理、方法和局部减光相似，它的工具也很简单，可以在一张硬纸板中央根据要加光区域的形状挖出一小洞，放大时让放大机投射的光线通过小洞，由于小洞以外的光线被硬纸板遮挡而达

图 6-6　常用局部加光工具

到局部加光的目的。有时,将双手合拢,利用手掌或手指的缝隙漏出光线,也能达到局部加光的目的。如果双手配合协调,可做出许多形状,操作更为简便。

图 6-7 采用加光工具进行局部加光

图 6-8 利用手的不同造型进行局部加光

(1)未经任何加光处理的放大照片,由于天空部分影调过浅而缺乏必要的氛围。

(2)放大时对照片的天空部分进行加光处理,天空部分影调加深,整张照片出现特殊的氛围。

图 6-9 放大时局部加光是改善照片影调与氛围的有效手段。邵大浪摄于荷兰阿姆斯特丹。

(二)局部加光技巧

同局部减光的操作方法一样,在进行局部加光时,手或加光工具要与相纸保持一定的距离,不要让手或加光工具过于贴近相纸。手或加光工具过于贴近相纸,其加光区域轮廓线就显得明显锐利,容易在照片上显露出加光的痕迹。此外,在加光时除了力求使加光区域准确外,也应不停地左右、上下晃动加光工具,这样,加光与没加光区域交接处的影调就会过渡自然,看不出加光的痕迹。

如果使用可变反差放大纸,我们除了正常的局部加光外,还可在加光时改用不同的反差滤色镜,使加光区域获得不同的局部反差,使照片的影调和层次更为完善。

(1)未经任何加光处理的放大照片,照片中天空部分显得苍白而生硬。

(2)放大时进行局部加光处理,天空部分影调得到改善,并显出太阳的光芒。

图6-10 放大有直射太阳照片时,往往要对天空进行局部加光处理,才能获得完美的影调和气氛。邵大浪摄于美国旧金山。

【思考题】

1.放大时通过局部减光和局部加光技巧可以在哪些方面改善影像的质量?

2.局部减光的操作要领是什么?

3.局部加光的操作要领是什么?

【名家佳作】

杰鲁普·西埃夫

西埃夫 1933 年出生于巴黎一个波兰裔的家庭。他中学毕业后在法国和瑞士学习摄影，随后在巴黎开始纪实摄影实践。他曾先后为女性杂志 Elle 和玛格南（Magnum）图片社工作，在法国、意大利、希腊和土耳其等地从事摄影报道。1961 年从巴黎来到美国纽约，发展他的摄影事业，短短几年，在几乎所有欧美时尚杂志上都可看到他的摄影作品。然而，到了 60 年代中期，他又回到了他所熟悉的欧洲。

西埃夫的摄影题材非常广泛，报导、时尚、风光、肖像、人体……几乎无所不能。正如他自己所称的"摄影的题材没有好坏之分，差别只在于它们被看的方式。"

西埃夫无论拍摄什么题材，都喜欢运用超广角镜头，使主体夸张突出，画面透视感和空间感强烈，作品呈现出大胆张扬之势。而在照片放大制作时，他喜欢人为地将照片四周影调压暗，他说："我喜欢将照片洗得密不透风，有密实的黑色，所有的细节都在黑影之中。"这或许就是西埃夫作品的魅力所在。

图 6-11　为 *Vogue* 拍摄，伦敦（1968 年）　杰鲁普·西埃夫摄

图 6-12　为 *Harper's Bazaar* 拍摄(1962年)　杰鲁普·西埃夫摄

图 6-13　为 *Queen* 拍摄,伦敦(1961年)　杰鲁普·西埃夫摄

图 6-14　卓塔·米,巴黎(1979年)　杰鲁普·西埃夫摄

图 6-15　"海滩上的皮毛衣服"系列,为 *Harper's Bazaar* 拍摄,伦敦(1965年)　杰鲁普·西埃夫摄

图 6-16　为 *Harper's Bazaar* 拍摄,棕榈海滩(1964 年)　杰鲁普·西埃夫摄

图 6-17 为 *Harper's Bazaar* 拍摄，纽约
（1964 年） 杰鲁普·西埃夫摄

图 6-18 黑屋,纽约(1964 年) 杰鲁普·
西埃夫摄

安塞尔·亚当斯

　　安塞尔·亚当斯(Ansel Adams,1902—1984)出生于美国旧金山。是著名的 F64 团体的核心人物,也是美国现代黑白风光摄影大师。

　　安塞尔·亚当斯是一位勤奋、多产的摄影家,几十年里,他背着沉重的摄影器材,行走于美国西部,以黑白摄影的神奇魅力,演绎出一曲大自然的宏伟乐章。安塞尔·亚当斯对摄影技术精益求精,他的作品影调丰富绝伦,细节纤毫毕现,充满了语言难以表达的韵味。他所创立的"区域曝光"理论,至今仍被奉为黑白摄影的精髓。

　　安塞尔·亚当斯还是一位摄影著作家和摄影教育家,他的一生不仅拍摄了 5 万多件摄影作品,也留下了《照相机》、《底片》和《冲印》等黑白摄影的经典技术专著。1980 年,卡特总统授予他总统自由勋章,这是美国国家给公民的最高褒奖。

图 6-19　冬季暴风雪过后,约塞米蒂国家公园,加利福尼亚(约 1937 年) 安塞尔·亚当斯摄

图 6-20　扎布里斯基岬，死亡谷国家公园，加利福尼亚（约 1942 年）安塞尔·亚当斯摄

图 6-21　白树枝，莫诺湖，加利福尼亚州（1947年）安塞尔·亚当斯摄

图 6-22　迈金利山和神奇湖，德那利国家公园，阿拉斯加（1947 年）安塞尔·亚当斯摄

图 6-23　月亮和半圆顶,约塞米蒂国家公园,加利福尼亚(1960 年) 安塞尔·亚当斯摄

图 6-24 秋天清晨的白杨,多洛瑞河峡谷,科罗拉多(1937 年) 安塞尔·亚当斯摄

图 6-25 沙丘,欧深诺,加利福尼亚(1963 年) 安塞尔·亚当斯摄

第七章　黑白照片影调控制

【关 键 词】　黑白照片　影调　控制
【实验目的】　了解影调含义，并掌握高调、低调和中间调照片的制作要领。

　　法国摄影家 Jeanloup Sieff 是一位只拍黑白照片的摄影家，他曾说："我们今天生活在一个色彩太多的世界里，彩色只是细节，会让人注意照片里太多的小故事。黑白摄影是一种过滤，能突出精髓，让人一眼进入你的氛围、你的主题。"的确，与彩色影像相比，构成黑白影像的色调只有黑、灰、白三种，远远不如彩色影像丰富，但是一幅优秀的黑白摄影作品却仍能给人或明亮或低沉、或粗犷或细腻、或轻快或压抑的感受，其中，照片的影调起着不容忽视的作用。

　　影调通常有两种含义：一是指阶调，即画面上各色阶过渡的缓急和明暗反差的对比程度；二是指基调，即画面上何种色调占据主导地位。

　　在黑白摄影画面中，一个完整明暗分布应该由白—极浅灰—浅灰—深浅灰—中灰—浅暗灰—暗灰—深暗灰—黑色这些级数构成。如果画面中只包括灰色级谱的上半部分（白、极浅灰、浅灰、深浅灰和中灰），那么这个画面就称为高调画面；相反，如果画面中只包括灰色级谱的下半部分（浅暗灰、暗灰、深暗灰和黑色），那么这个画面就称为低调画面；而如果画面中只包括灰色级谱的中间部分（浅灰、深浅灰、中灰、浅暗灰和暗灰），那么这个画面就称为中间调画面。高调画面能给人轻快、简洁和素雅的感受，比较容易表现出放松愉快的氛围。低调画面给人深沉、压抑的感受，比较容易表现出忧郁或庄重的氛围。而中间调画面由于画面中没有出现大面积的白色和黑色，则容易给人柔和、细腻和层次丰富之感。

图 7-1　高调照片显得轻快、素雅。邵大浪摄于浙江杭州。

图 7-2　中间调的照片最讲究层次和细节。邵大浪摄于台湾台北。

图 7-3　低调照片显得深沉。邵大浪摄于日本大阪。

在黑白摄影中，照片的影调首先由拍摄时的光线和滤光镜运用、曝光控制等因素所决定，但是在暗房照片制作时通过一定的技巧，也可有效地调节影调效果。

一、放大局部加光或减光法

放大局部加光或减光法实际指在放大曝光时，对某些局部进行适当遮挡以减少曝光，而未经遮挡的部分则相对地增加了曝光，从而达到对影调的控制和调整。局部加光或减光在照片放制过程中经常用到，尤其在控制高、低调照片整体影调效果时更是被广泛地采用。放制高调照片时，对需要提高亮度或去掉影纹的部位进行遮挡；放制低调照片时，对亮部实行适当遮挡，以相应增加其他部位的曝光来确保整幅照片的低影调。

运用局部曝光法时，一要合理确定遮挡区域，使遮挡与没遮挡区域过渡自然；二要遮挡适量，过量的遮挡会显得不真实和不自然。

图 7-4　放大这幅照片时将地面部分画面做加光处理，以使地面影调变低，突出远山的表现效果。邵大浪摄于内蒙古塞罕坝。

图 7-5 放大这幅照片时将松树与远处山峰之间的空间做减光处理，以形成高调效果。邵大浪摄于安徽黄山。

二、底片涂红法

底片涂红法是根据常用黑白分色相纸对红光反应迟钝的特点，在底片的某些局部适当地涂上红色，以降低其在相纸上的曝光量。采用底片涂红法可以有效地控制影调。制作高调照片时，在底片上需要提高亮度和去掉影纹的局部适当涂红；制作低调照片时，在底片上必要的亮区涂上适当深浅的红色，以达到理想的影调效果。

运用底片涂红法来控制影调，首先要做到仔细涂红，因为需要涂红的局部在底片上的面积一般很小，不仔细涂红，会造成不该减少曝光的部位被减光，出现层次不佳的现象。其次，要掌握好涂红色调的深浅，涂红色调的深浅直接影响到相纸减少曝光量的多少，所用的红色调越深，相纸上曝光量的减少就越多；反之，相纸上曝光量的减少就越少。

图 7-6 这幅照片近处山峰的影调原来较深，在底片上将山峰下方做适当涂红处理后，放大出来的照片就显得比较空灵。邵大浪摄于安徽黄山。

图 7-7　由于拍摄时雪地并不十分洁净，所以在放大前，将底片上某些影调较暗的地面做适当涂红处理，就比较容易放大出高调效果的照片。邵大浪摄于内蒙古塞罕坝。

三、罩影法

罩影法是用原负片的拷贝片与原负片重叠使用来增大或降低反差，以达到改善影像影调的目的。当需要将原影像反差降低时，将原负片与拷贝所得的正片重叠在一起放大，由于正片的影纹与原负片的影纹刚好抵消，因而反差得以降低；当需要将原影像反差提高时，将原负片与拷贝正片再经拷贝后所得的拷贝负片重叠在一起放大，由于两张负片上的反差相加，使原影像的反差得以提高。

（1）直接使用原底放大的照片，影像反差小，影调灰平。

（2）采用罩影法处理后，照片影调明显改善。

图 7-8

(2)采用罩影法处理后，照片暗区层次和影调效果均明显改善。

图 7-9

（1）由于拍摄时山峰与天空光比很大，直接使用原底放大的照片，影像暗区层次少，影调生硬。

【思考题】

1.何谓高调、低调和中间调？它们各有何视觉特征？

2.拍摄时可调用哪些要素来控制影调？

3.照片制作时可采用哪些技法来调节和改善影调效果？

【名家佳作】

爱德华·韦斯顿

爱德华·韦斯顿(Edward Weston,1886—1958)是一位富有独特艺术成就、传奇生活色彩,以及对后世影响深远的摄影家。他既是第一位获得了古根海姆奖的摄影家,也是美国著名的F64团体的创始人之一。

利用大片幅照相机和现场光,韦斯顿拍摄了自然风光,以及诸如青椒、贝壳、岩石等物体,从而制作出富有诗意的、感官上精确的影像。他的作品影调细腻、设计严谨、意境深邃。著名摄影家安塞尔·亚当斯这样评价他:"实质上韦斯顿是当今少数有创造性的艺术家之一。他重新创造了自然界的事物形态和力量;他使得这些形态意味深长地成为世界的基本单元。他的作品启发了人们的内在历程,使之达到精神上的完善程度。"

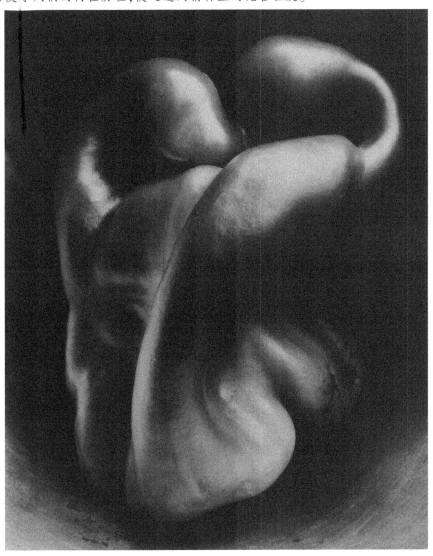

图7-10 青椒30号(1930年) 爱德华·韦斯顿摄

图 7-11　人体(1927 年)　爱德华·韦斯顿摄

图 7-12 沙滩上的人体，欧深诺（1936 年） 爱德华·韦斯顿摄

图 7-13 人体（1936 年） 爱德华·韦斯顿摄

图 7-14 贝壳(1927 年) 爱德华·韦斯顿摄

图 7-15 树,特纳亚湖(1937 年) 爱德华·韦斯顿摄

图 7-16 轮子和山坡(1934 年)爱德华·韦斯顿摄

罗伯特·梅普勒索普

罗伯特·梅普勒索普(Robert Mapplethorpe,1946—1989)出生于美国纽约。他从1963年起在普拉特(Pratt)美术学院学习绘画与雕塑,1970年从该学院毕业。1972年左右,他开始摄影创作。1976年他在纽约举办了第一个个展,其后,陆续出版了《丽莎·莱昂女士》(*Lady,Lisa Lyon*)、《某些人：肖像之书》(*Certain people: a book of portraits*)和《黑书》(*Black book*)等摄影作品集。1989年3月9日,年仅43岁的他因艾滋病离开人世。尽管梅普勒索普的人生极其短暂,但却足以给摄影史留下一抹惊艳。

在梅普勒索普诡秘善变的镜头下,无论是黑白肖像、花卉静物,还是令人震惊的裸体,与其说是艳丽到了极点,还不如说是与性和死亡息息相关。尽管拍摄的具体对象时有不同,但照片上暧昧的同性恋倾向和死亡象征却始终弥漫其中。梅普勒索普喜欢使用对称、平衡式的构图,精雕细镂般地用光,使他的拍摄对象呈现出一种前所未有的庄重。他以一种古典式的审美情趣来包装从来不受到正视的性现实,使其具有一种无害的、无懈可击的形式外观。

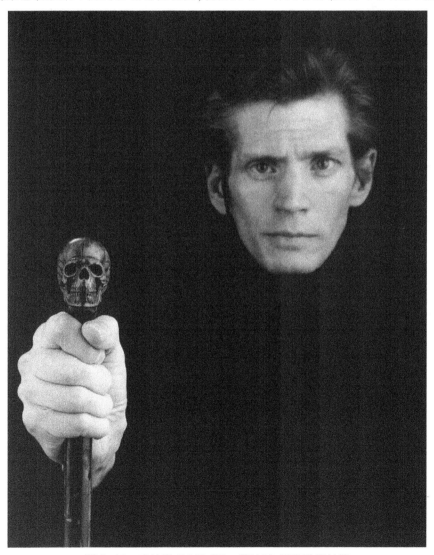

图 7-18　自拍像(1988 年)　罗伯特·梅普勒索普摄

图 7-19　塞德里克(1978 年)　罗伯特·梅普勒索普摄

图 7-20　姬莉·查菩曼和肯·穆帝(1983 年)　罗伯特·梅普勒索普摄

图 7-21　丽莎·莱昂(1982 年)　罗伯特·梅普勒索普摄

图 7-22　伊莎贝拉·罗塞莉妮(1988 年)　罗伯特·梅普勒索普摄

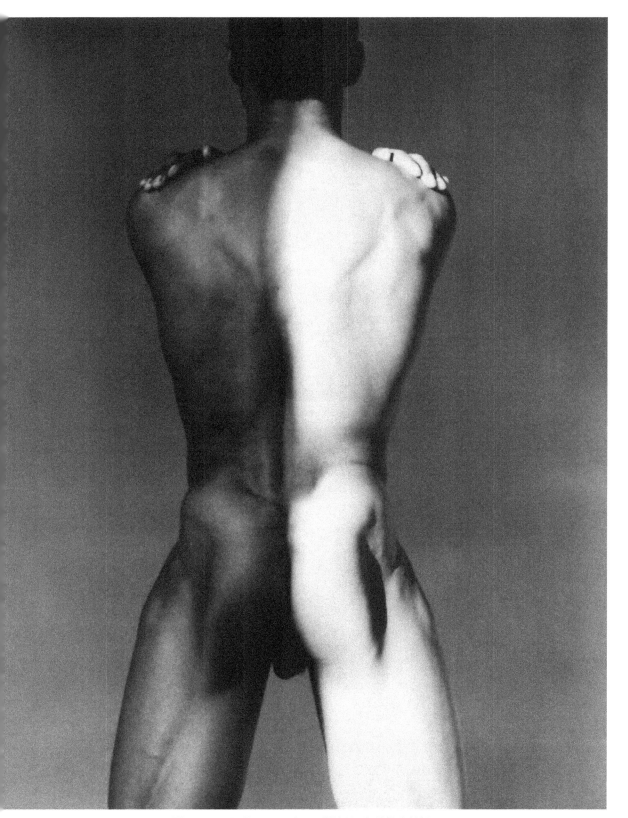

图 7-23 丹·斯(1980 年) 罗伯特·梅普勒索普摄

图 7-24　极乐鸟(1979 年)　罗伯特·梅普勒索普摄

图 7-25　兰花(1982 年)　罗伯特·梅普勒索普摄

第八章 黑白照片反差控制

【关 键 词】 黑白照片 反差 控制

【实验目的】 了解反差含义,并掌握胶片冲洗和照片制作过程中增大和减弱反差的方法。

黑白摄影可以避开被摄对象面面俱到的特征,而把注意力集中在摄影者发现的某些重要的方面,在黑白摄影中,摄影者有着更多的控制能力和发挥想象的空间。由于黑白摄影以简练而生动的黑、白、灰三种色调见长,因此,在经营黑白影像的画面色调构成时,人们往往较多地注意到黑白影调的控制,而常常忽视另一个重要因素——黑白反差的控制。其实,对黑白反差的控制也是高品质黑白摄影中一个不容回避的问题。如果说影调是以势夺人的话,那么,反差则从细微处打动心弦。

与影调一样,黑白影像中不同程度的反差会激起观赏者不同的情感和热情。高反差的影像会引起活跃、强烈和期待的情感,并且能将观赏者的注意力引向画面的关键部分,画面中非本质的细节被浓密的阴影和耀眼的强光所消融。低反差的影像在平等的基础上表现出被摄对象的所有信息(包括重要的或根本微不足道的),形成宁静和忧郁的气氛。而"适中"的反差由于能比较恰当地反映出被摄对象的明暗对比,给人真实、自然和流畅之感。

一、增大反差方法

胶片曝光不足,显影过度:由于改变显影时间对胶片暗区的密度影响不大,而对亮区的密度影响较大,因此采取曝光不足、显影过度的方法,既可使胶片上亮区的密度保持正常,同时又增大了胶片反差。但采用此法提高胶片反差时,也使胶片的另一个品质——颗粒变粗。使用135胶卷(由于片幅小,颗粒对影像品质的影响尤为明显)时,采用此法要三思。

使用硬性放大纸:在分号相纸中,通常使用3号或4号放大纸能获得较大的反差。对可变反差相纸,通常使用5号反差滤镜可获得最大的反差。

提高显影液的浓度、温度和搅动频率:在胶片和相纸显影过程中,提高显影液的浓度、温度和搅动频率都会使药液与胶片或相纸的化学反应速度加快,影像反差增大。在胶片显影中采用此法也会同时使胶片的颗粒变粗。

使用硬性相纸显影液:常用的 Kodak D-72 显影液是中性显影液,它的反差适中。对于反差特别小的底片,如果通过相纸反差,或 D-72 显影液的浓度、温度等调节还无法奏效时,不妨考虑选用硬性相纸显影液。使用硬性显影液,通常要对相纸增加一定的曝光量。

图 8-1　雾景的反差往往较弱,为了获得理想的反差效果,笔者通常采取"胶片曝光不足,显影过度"的方法来加大影像反差。邵大浪摄于江西三清山。

(1) 采用 Ilford Ilfspeed RC Luxe 2 号放大纸放大,反差偏小

(2) 改用 Ilford Ilfspeed RC Luxe 3 号放大纸放大,反差明显增大

图 8-2　使用硬性放大纸是增大反差最便捷的方法。邵大浪摄于浙江杭州。

图 8-3 在胶片和相纸显影过程中,提高显影液的浓度、温度和搅动频率都会加大影像反差, 但在胶片显影中采用此法会使影像的颗粒变粗。邵大浪摄于台湾基隆。

(1)采用 Kodak D-72 中性相纸显影液显影效果

(2)采用硬性相纸显影液显影效果

图 8-4 对于反差特别小的底片,可考虑选用硬性相纸显影液显影来增大影像反差。邵大浪摄于浙江杭州

二、减弱反差方法

胶片曝光过度,显影不足:与"胶片曝光不足,显影过度"的方法刚好相反,采取"胶片曝光过度,显影不足"的方法既不会使亮区的密度偏大,同时又有效地降低了影像反差。

使用软性放大纸:在分号相纸中,通常使用1号或2号放大纸可获得较小的反差。对可变反差相纸,通常使用0号反差滤镜可获得最小的反差。

降低显影液的浓度、温度和搅动频率:在胶片和相纸显影过程中,降低显影液的浓度、温度和搅动频率都会使药液与胶片或相纸的化学反应速度变慢,影像反差随之减弱。

使用软性相纸显影液:对于反差特别大的底片,当通过相纸反差,或D-72显影液的浓度、温度等手段加以调节还无法满足反差要求时,可考虑选用软性相纸显影液。使用软性显影液,也需对相纸增加一定的曝光量。

采用水浴法显影:在胶片和相纸显影中都可采用水浴法显影来降低影像的整体反差。它的操作方式与原理是,先让胶片或相纸在显影液中显影一段时间,使显影液渗透到底片或相纸的乳剂内,然后将胶片或相纸移到清水中,不加搅动,这时,胶片或相纸上亮区部分的显影液很快就会疲乏,而暗区部分的显影液仍在继续显影。这样反复进行直至得到所需的影像密度或亮度范围为止。对胶片水浴法显影,通常采用Amidol显影液和Kodak D-23显影液;而相纸的水浴法显影,可在常用的D-72显影液中进行。

图8-5 拍摄像逆光照明之类大光比场景时,笔者通常采取"胶片曝光过度,显影不足"的方法来减弱景物反差,以尽量保留暗区必要的细节和层次。邵大浪摄于浙江杭州。

(1)采用 Ilford Ilfspeed RC Luxe 3 号放大纸放大,反差偏大

(2)改用 Ilford Ilfspeed RC Luxe 2 号放大纸放大,反差明显减弱

图 8-6　使用软性放大纸是减弱反差最便捷的方法。邵大浪摄于浙江杭州。

图 8-7　在胶片和相纸显影时降低显影液的浓度、温度和搅动频率都会一定程度减弱影像反差。邵大浪摄于新疆塔什库尔干。

（1）采用 Kodak D-72 中性相纸显影液显影效果　　　　　　（2）采用软性相纸显影液显影效果

图 8-8　对于反差特别大的底片，可考虑选用软性相纸显影液显影来减弱影像反差。邵大浪摄于台湾台北。

（1）采用 Kodak D-72 中性相纸
显影液正常显影，反差偏大

（2）采取水浴法显影后，反差明显减弱

图 8-9　水浴法显影是降低影像反差的有效方法。邵大浪摄于新疆塔什库尔干。

【思考题】

1.如何增大黑白照片的反差？

2.如何减弱黑白照片的反差？

【名家佳作】

马利奥·贾科梅里

马利奥·贾科梅里(Mario Giacomelli,1925—2000)是 20 世纪意大利最伟大的摄影家之一。他出生于意大利塞尼加利亚,他 13 岁开始在一家小印刷厂做学徒,后来成立了自己的印刷厂。他 30 岁开始学习摄影,自此相机相伴一生,直至 2000 年因癌症去世。

贾科梅里一生创作的四十多个系列作品,全都取材于他家乡塞尼加利亚周边几英里的范围里内。《观察大自然》、《变形的土地》、《我的海》、《无限》、《史肯诺》、《我忙得无法用手轻抚自己的脸》、《妈妈,我已无法再承受》和《美好的土地》等像似一个个独立的寓言诗集,却又彼此呼应。在这些极具个人化的颗粒粗犷、明暗对比强烈的或具象、或抽象影像中,倾注了贾科梅里对于家乡的无限深情。

"摄影是不难的,只要你有一些东西想表达",贾科梅里说。他是一位不依据任何标准和方式来创作的摄影家,他不做拍摄记录,拍摄时不用测光表,连冲洗胶卷也不按部就班,不使用温度计,胡乱堆放胶卷,但是,他懂得思考。正是他对于人生和摄影的独特思考,才造就了属于他自己、也属于意大利的无与伦比的影像。

图 8-10 "史肯诺"系列之一(1957—1959 年) 马利奥·贾科梅里摄

图 8-11 "我忙得无法用手轻抚自己的脸"系列之一(1961—1963 年) 马利奥·贾科梅里摄

图 8-12 "我忙得无法用手轻抚自己的脸"系列之二(1961—1963 年) 马利奥·贾科梅里摄

图 8-13 "史肯诺"系列之二(1957-1959 年) 马利奥·贾科梅里摄

图 8-14 "观察自然"系列之二(1954—2000 年)
马利奥·贾科梅里摄

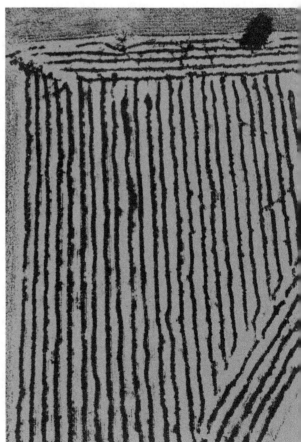

图 8-15 "观察自然"系列之三(1954—2000 年)
马利奥·贾科梅里摄

图 8-16　"观察自然"系列之一(1954—2000 年)　马利奥·贾科梅里摄

瑞·梅茨克

瑞·梅茨克 (Ray K. Metzker, 1931—) 出生于美国密尔沃基 (Milwaukee)。他十几岁就开始对摄影感兴趣,1954 年参军前,在威斯康星州伯洛伊特(Beloit)学院学习艺术课程。1956 年参军结束后,他就读芝加哥设计学院,期间受教于著名摄影家哈里·卡拉汉 (Harry Callahan) 和阿戎·西斯金德 (Aaron Siskind),1959 年获艺术硕士学位。而后他也成为一名摄影教师,执教于新墨西哥大学和费城艺术大学。

梅茨克是一位教授型的摄影家。他的创作题材丰富广泛,表现形式变化多端。他讲究光影,追求创新。他擅长利用反差和影调的控制及多重曝光表现技巧,令作品耳目一新。梅茨克曾于 1966 年和 1979 年两次获得古根海姆奖金,于 1974 年和 1988 年两次获得美国国家艺术资助。

图 8-17 构成:人体,费城 (1966 年)
瑞·梅茨克摄

图 8-18　双片幅：费城(1965 年)　瑞·梅茨克摄

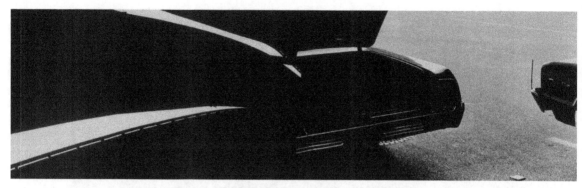

图 8-19　双片幅：纽约(1966 年)　瑞·梅茨克摄

图 8-20　芝加哥(1959 年)　瑞·梅茨克摄

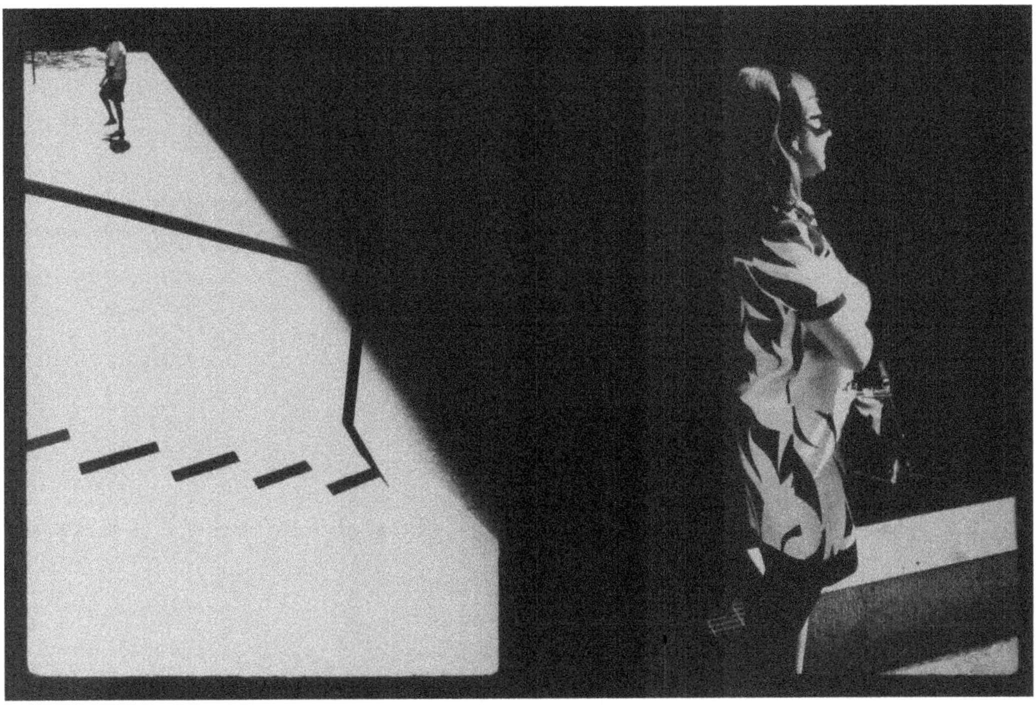

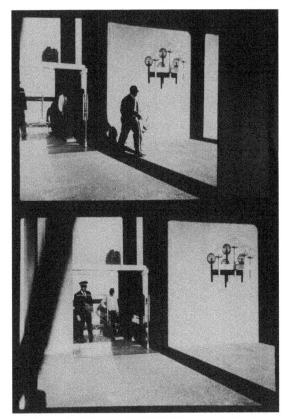

图 8-21 并置：纽约(1968 年) 瑞·梅茨克摄

图 8-22 并置：纽约(1968 年) 瑞·梅茨克摄

图 8-23 阿尔伯克基，新墨西哥州（1972 年）
瑞·梅茨克摄

第九章　黑白暗房技艺拓展

【关 键 词】　黑白暗房　技艺　拓展
【实验目的】　掌握叠放、套放和物影照片等常用黑白暗房特技,以进一步拓展黑白摄影的表现力。

在黑白暗房中,除了通过得当的技术控制制作出一张质量上乘的黑白照片外,我们还可以利用暗房特技,将照片的表现形式和内涵进一步拓展。虽然在数码影像技术发达的今天,通过电脑对影像合成或删减易如反掌,但运用传统暗房特技对影像进行处理却有原汁原味之感。暗房特技的种类很多,其中以叠放、套放和物影照片等特技最为常用。

一、叠放

叠放是指两张或两张以上的底片重叠在一起进行放大。底片需要叠放的原因往往是拍摄时由于条件所限,没有一次拍摄成功,所拍摄到的往往是一些素材片,这些素材片经过叠放的处理,变得或构图完美、或空间透视强、或主衬体错落有致。太阳、月亮、春花和绿树等都是常用的叠放素材。

图 9-1A　　　　　　　　　　　　　　　　　　　　　　　　图 9-1B

　　在运用叠放特技时要注意画面的整体布局,并要尽量做到影像互补重叠,也即应将第一张底片的亮部重叠在第二张底片的暗部,而第二张底片的亮部又重叠在第一张底片的暗部,这样才看不出明显的叠放痕迹。此外,在选择叠放底片的内容时,应注意时间、季节、环境及气氛的协调性,同时还要注意光线的效果是否一致,空间透视是否合乎习惯。总之,叠放照片要给人自然真实之感,绝不能有生硬造作之感,这是叠放最基本的原则。

图 9-1　叠放往往会产生超现实主义意味。这幅作品由两张底片(图 9-1A 和图 9-1B)叠放而成。邵大浪摄制。

图 9-2A　　　　　　　　　　　　　　　图 9-2B

图 9-2　与图 9-1 的制作方法一样，将图 9-2A 和图 9-2B 所示的两张底片叠放，就可以得到此幅作品。邵大浪摄制。

二、套放

虽然也是影像合成,但套放与叠放不同,套放实质上是个"加法"操作,它将一个个影像按先后顺序放制到同一张相纸上。套放时,除非影像的背景为纯白色,一般要遮住曝光影像以外的相纸,让相纸的这部分留待下一个影像感光,依此类推,一个个影像便合成在一张相纸上了。

运用套放特技,一定要做到胸有成竹,也就是说,在套放之前,一定要先构思整个画面的布局,各影像间如何衔接才能过渡自然。同叠放一样,在套放的构思中,也要注意各影像的环境、气氛、光线和透视是否一致,只有这些因素相互协调,并且套放的各影像过渡自然,整幅照片才能给人浑然一体的感觉。

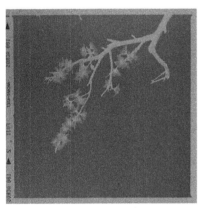

图 9-3A

图 9-3B

图 9-3 套放将不同的景象和时空进行重组,它表现的是摄影者心中的影像。这幅作品由图 9-3A 和图 9-3B 所示的两张底片套放而成。邵大浪摄制。

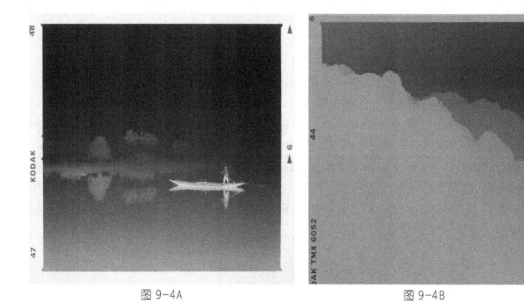

图 9-4A   图 9-4B

图 9-4　与图 9-3 的制作方法一样,将图 9-4A 和图 9-4B 所示的两张底片套放,就可以得到此幅作品。邵大浪摄制。

三、物影照片

物影照片是指直接用被摄物,而不是由被摄物摄得的负像来印放照片。获得物影照片有两种具体方法:一是将被摄物直接摆放在相纸上,二是可以将小而平的被摄物放在带有玻璃的底片夹内,像放大底片一样放大物影照片。

物影照片的"物影"效果取决于被摄物的透光性能,不透光的被摄物会在相纸上留下高反差的黑白投影影像;半透明或透明的被摄物可以通过和常规放大同样的方法控制影像反差和密度,制作出不同影调效果的物影照片,此时,局部加光和减光也是十分有效的补充控制手段。

将被摄物直接摆放在相纸上,用放大机光源制作物影照片时,必须要调整好放大机机头高度和焦点,使被摄物轮廓清晰。对于高反差的不透光物体,控制曝光时间时,只要能提供足够的、均匀一致的黑色即可,不要让曝光时间长至使照片中的高光区域受损的地步。若使用能产生中间调的被摄物,则应作曝光试条,以确定最佳的曝光控制。

放制好物影照片的另一个关键是要选择好被摄物,选择时不仅要考虑其大小、形状,还要考虑其透光性能。此外,对被摄物的摆放位置和画面构成也必须事先做周密的安排,这些都会直接影响物影照片的效果和趣味性。

图 9-5　物影照片邵大浪制作

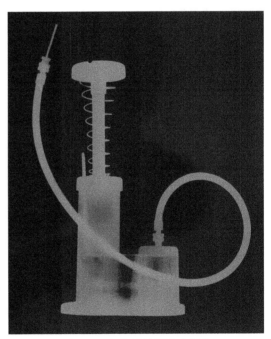

图 9-6　物影照片邵大浪制作

【思考题】

1.制作叠放照片的要领是什么?

2.制作套放照片的要领是什么?

3.制作物影照片的要领是什么?

【名家佳作】

郎静山

郎静山先生(1892—1995)生于江苏淮阴,他自幼习画,有着深厚的国画功底。20世纪20年代,他担任过上海《时报》新闻摄影记者,30年代他开始专注于"集锦摄影"在拍摄和暗房方面的技术研究,取得举世瞩目的成就。

"集锦摄影"是现代摄影技术与中国传统绘画六法理论相结合的产物,它不是多张底片简单的剪贴和拼凑,而是融合中国画画理,以一种"善"的理念,实用的价值,创造出具有中国传统人文艺术精神的"美"的作品。郎静山先生在其《集锦照相概要》中这样谈到:"集锦照相则不然,虽同一拼合,但经作者放映(按:即放大)时之意念与手法之经营后,遂觉天衣无缝。其移花接木,旋转乾坤,恍若出乎自然。迥非剪贴拼凑者可比拟也。此亦即吾国绘画之理法,今日实始施于照相者也。"

郎静山先生一生创作无数风光摄影佳作。在他的作品里,无论他使用什么工具和手法,他的暗房技巧多么出神入化,他所呈现的都是中国传统文化清新自然、和谐含蓄的精神。

图9-7　枫桥夜泊(1990年)　郎静山摄制

图 9-8　寒风岚光(1934 年)　郎静山摄制

图 9-9　晓风残月(1945 年)　郎静山摄制

图 9-10　斜风细雨不需归(1960 年)　郎静山摄制

图 9-11　烟波摇艇(1951 年)　郎静山摄制

图 9-12　独宿学幽楼（20 世纪 50 年代）　郎静山
摄制

图 9-13　雪山献瑞（20 世纪 60 年代）　郎静山
摄制

杰里·尤斯曼

杰里·尤斯曼(Jerry Uelsmann,1934—)出生于美国底特律。1957年毕业于罗彻斯特理工学院,1960年在印第安纳大学获硕士学位之后,开始在佛罗里达大学教授摄影,1974年成为该校的教授。现已退休,生活在佛罗里达的干斯维尔。尤斯曼在世界各国举办过100多次个展,作品被世界著名美术馆广泛收藏。

观看尤斯曼的摄影作品就如进入了一个梦幻世界。漂浮的大树、从石头中长出来的手、云雾和水中的倒影……这些奇异的影像形成了潜意识的世界。这里,正常的空间透视和形体比例关系已不复存在。尤斯曼以魔幻般的传统暗房技艺,创作了一系列精美、奇妙的照片,完全摆脱了现实主义的约束。

对尤斯曼而言,现实世界的既成景象都只是冥想世界的片断而已,因此,照相机只能记录片断,唯有加以组合才能构成完整的心灵图像。暗房的集锦放大就是重整秩序的工作。尤斯曼作品的说服力完全架构在巧夺天工的暗房技术上,他只使用一台120照相机,却同时拥有6台放大机,这样在集锦放大时就不必将不同底片在同一台放大机里抽来抽去了。对别的摄影家来说,在暗房里只是印放了他们拍摄时看到的影像,而对于尤斯曼,则在暗房中创造了他的"心像"。

图9-14 无题(1984年) 杰里·尤斯曼摄制

图 9-15　无题(1992 年)　杰里·尤斯曼摄制

图 9-16　无题(1976 年)　杰里·尤斯曼摄制

图 9-17　无题（2003 年）　杰里·尤斯曼摄制

图 9-18　向赫伯特·拜耳致敬（2004 年）　杰里·尤斯曼摄制

图 9-19　无题（1996 年）　杰里·尤斯曼摄制

附录一

放大照片修斑

当你放完照片,你可能会发现你的照片上有一些白色的斑点。照片上的这些斑点由底片上所粘附的灰尘或底片本身固有的瑕疵引起,它们妨碍了照片的美观,因此,在放大完照片后,通常还需要对照片进行必要的修斑——修补照片上的白色斑点。修斑使用尖细的毛笔,将修斑颜料涂到白色斑点处,使斑点与周围影像的颜色混为一体,变得不太明显或完全看不出来。

一、工具和材料

修斑颜料:可以从照相器材商店买到,颜料颜色通常包括蓝黑色、中性黑、橄榄黑、褐色、棕色和白色,将它们按不同比例混合,几乎可与任何影调相匹配。

毛笔:毛笔的笔头越尖细,修斑就越容易准确落点。常用的修斑毛笔笔尖尺寸标号为:0、00 和 000,依次表示笔尖细、很细和极细。

白色调色盘:用于调配修斑颜料。

刮刀:用于刮去照片上的黑色斑点,然后再修补。

手套:防止在修斑时因手接触照片表面而弄脏照片。手套一般为白色、无绒手套。

纸巾或海绵:用于从毛笔上吸去多余的修斑颜料或水分。

二、主要步骤与技巧

(1)找一个明亮的工作环境,最好是靠近窗户的地方。桌子和照片表面要保持干净。

(2)用滴管吸取一、两滴颜料滴在调色盘里,加少量水调配好修补颜料。

(3)用毛笔沾上修补颜料,在吸水纸巾上转动几圈,使笔尖变得很细。笔尖一定要比所要修补的部位细,如果无法达到这个要求,则要更换一支更细的毛笔。同时,一定要让吸水纸巾吸走大部分的修补颜料,否则,修补颜料很可能在照片上成为一大块。

(4)将毛笔上的颜料点在试验相纸上,比较颜料的色调是否与照片上要修补部位周围区域的色调一致,如果两者色调不一致,需要再次调校修补颜料的色调深浅。

(5)用点画技巧,一次一小点,让颜料慢慢填满修补的部位。先从修补部位的中央点起,然后慢慢向外扩张。

(6)修补完一处斑点后,让它干掉。不必担心颜料太淡,随时可以再涂一遍。事实上,修补时颜料最好稍稍淡一点,颜料干了以后,色调会稍稍加深。

三、注意事项

(1)修补斑点工作需要耐心和细致,要反复利用点画的技巧来慢慢填充大的区域,不要图省事想几笔就将颜料涂满要修补的部位。草率修补的照片看上去会比未经修补的照片还要糟糕!

(2)不要希望照片上的斑点一次就修补成功,要慢慢地由浅入深地进行修补。如果修补完的斑点色调太深了,可以将照片浸泡在水中几分钟,斑点上修补的颜料就可去除。但是,一定要照片干燥以后才能重新开始修补。

附录二

常用黑白暗房化学配方

1.通用胶片显影液柯达 D−76 显影液

水(50℃)	750 毫米
米吐尔	2 克
无水亚硫酸钠	100 克
几奴尼	5 克
硼砂	2 克
加水至	1000 毫升

2.微粒胶片显影液柯达 D−23 显影液

水(50℃)	750 毫米
米吐尔	7.5 克
无水亚硫酸钠	100 克
加水至	1000 毫升

3.微粒胶片显影液柯达 D−25 显影液

水(50℃)	750 毫米
米吐尔	7.5 克
无水亚硫酸钠	100 克
亚硫酸氢钠	15 克
加水至	1000 毫升

4.微粒胶片显影液柯达 D−96 显影液

水(50℃)	750 毫米
米吐尔	1.5 克
无水亚硫酸钠	75 克
对苯二酚	1.5 克
硼砂	4.5 克
溴化钾	0.4 克
加水至	1000 毫升

5.微粒胶片显影液 FX−5 显影液

水(50℃)	750 毫米
米吐尔	7.5 克
无水亚硫酸钠	5 克
硼砂	125 克
硼酸	3 克
溴化钾	1.5 克
加水至	1000 毫升

6.胶片增感显影液依尔福 ID−68 显影液

水(50℃)	750 毫米
无水亚硫酸钠	85 克
几奴尼	5 克
硼砂	7 克
硼酸	2 克
溴化钾	1 克
菲尼酮	0.13 克
加水至	1000 毫升

7.硬性胶片显影液柯达 D-11 显影液

水(50℃)	750 毫米
米吐尔	1 克
无水亚硫酸钠	75 克
几奴尼	9 克
无水碳酸钠	25 克
溴化钾	5 克
加水至	1000 毫升

8.软性胶片显影液 POTA 显影液

水(50℃)	750 毫米
菲尼酮	1.5 克
无水亚硫酸钠	30 克
加水至	1000 毫升

9.高温胶片显影液柯达 DK-15 显影液

水(50℃)	750 毫米
米吐尔	5.7 克
无水亚硫酸钠	90 克
偏硼酸钠	22.5 克
溴化钾	1.9 克
无水硫酸钠	45 克
加水至	1000 毫升

10.低温胶片显影液柯达 D-82 显影液

水(50℃)	750 毫米
米吐尔	14 克
无水亚硫酸钠	52.5 克
几奴尼	14 克
氢氧化钠	8.8 克
溴化钾	8.8 克
乙醇	48 毫升
加水至	1000 毫升

11.Amidol 胶片水浴显影液

水(20℃)	750 毫米
无水亚硫酸钠	20 克
阿米多(Amidol)	5 克
加水至	1000 毫升

12.通用相纸显影液柯达 D-72 显影液

水(50℃)	750 毫米
米吐尔	3.1 克
无水亚硫酸钠	45 克
几奴尼	12 克
无水碳酸钠	67.5 克
溴化钾	1.9 克
加水至	1000 毫升

说明:使用时以 1:2 稀释。

13.硬性相纸显影液

水(50℃)	750 毫米
米吐尔	1 克
无水亚硫酸钠	70 克
几奴尼	15 克
无水碳酸钠	100 克
溴化钾	4 克
加水至	1000 毫升

说明:使用时以 1:1 稀释。

14.软性相纸显影液

水(50℃)	750 毫米
米吐尔	4 克
无水亚硫酸钠	40 克
几奴尼	3 克
无水碳酸钠	45 克
溴化钾	1.3 克
加水至	1000 毫升

说明:使用时以 1:3 稀释。

15.可调节反差的相纸用二液配方(Beers 配方)显影液

A 液

水(50℃)	750 毫米
米吐尔	8 克
无水亚硫酸钠	23 克
无水碳酸钠	20 克
溴化钾 10%溶液	11 毫升
加水至	1000 毫升

B 液

水(50℃)	750 毫米
对苯二酚	8 克
无水亚硫酸钠	23 克
无水碳酸钠	27 克
溴化钾 10%溶液	22 毫升
加水至	1000 毫升

混合方法和影调：

贮存液	1 号(软)	2 号	3 号	4 号	5 号	6 号	7 号(硬)
A 液	8	7	6	5	4	3	2
B 液	0	1	2	3	4	5	14
水	8	8	8	8	8	8	8

16.通用停显液

清水	1000 毫米
冰醋酸(28%)	48 毫升

17.通用酸性坚膜定影液 F-5 定影液

水(50℃)	700 毫米
硫代硫酸钠	240 克
无水亚硫酸钠	15 克
冰醋酸(28%)	45 毫升
硼酸	7.5 克
硫酸铝钾	15 克
加水至	1000 毫升

18.等量减薄液

A 液

水(50℃)	60 毫米
铁氰化钾	7.5 克
加水至	100 毫升

B 液

水(50℃)	200 毫米
硫代硫酸钠	96 克
加水至	1000 毫升

说明：使用时,取 30 毫升 A 液加到 120 毫升 B 液中,再加水至 1000 毫升。减薄后要水洗,并放入酸性定影液定影 5 分钟。等量减薄液的特点是对胶片上的高密度至低密度部位都均等减薄,减薄后底片反差同原来的一样。

19.比例减薄液

A 液	
水(50℃)	250 毫米
铁氰化钾	10 克
加水至	500 毫升

B 液	
水(50℃)	250 毫米
硫代硫酸钠	75 克
硫脲	6 克
加水至	500 毫升

说明:使用时,把 A、B 液等量混合。减薄后要水洗,并在酸性定影液定影 5 分钟。比例减薄液的特点是对底片上各种密度按比例减薄,密度大的部位减薄多,密度小的部位减薄少,减薄后底片的反差降低。

20.铬加厚液

重铬酸钾	90 克
浓盐酸	64 毫升
水	1000 毫升

说明:此液为贮藏液,主要起漂白作用。使用时,将此液 1:10 稀释,放入负片,直至完全漂白后,水洗 5 分钟,再放入 1:3 稀释的 D-72 显影液,在普通光线下显影,然后水洗干燥。如一次加厚不够,可反复进行。

21.调色加厚液

A 液	
铁氰化钾	7.5 克
溴化钾	7.5 克
草酸钾	9.5 克
冰醋酸(28%)	4 毫升
水	400 毫升

B 液	
硫化钠	22.5 克
水	500 毫升

说明:使用时先将负片放入 A 液,不断翻动,漂白约 1 分钟,然后彻底水洗。再放入 B 液,使影像变成棕色。最后,水洗干燥。

22.硫化物调色剂 T-Ta(深棕色)

漂白工作溶液(可重复使用)	
水	700 毫米
铁氰化钾	50 克
溴化钾	1000 毫升
加水至	

调色溶液原液	
水(50℃)	300 毫升
无水硫酸钠	50 克
加水至	500 毫升

工作溶液:1 体积原液+9 体积水

说明:将黑色影像完全漂白至淡黄色(约 5 分钟),然后水洗 1 分钟,调色 4~5分钟,最后进行漂洗。漂洗不能同其他照片一起进行,以免影响其他照片。

23.蓝调色液

A 液	
水	700 毫米
硫酸(浓)	4 毫升
铁氰化钾晶体	2 克
加水至	1000 毫升

B 液	
水	700 毫升
硫酸(浓)	4 毫升
柠檬酸铁铵	2 克
加水至	1000 毫升

说明:使用时,取 1 体积 A 液加 1 体积 B 液。这种调色液具有加厚的作用,所以可推荐用于平调的黑白照片。将照片浸泡在溶液中,直至得到所需的色调,然后稍加漂洗,使照片上白色部分不再有黄色斑痕。漂洗过分会逐渐漂去蓝色,在漂洗清水中加一些食盐能减弱这种漂色作用。

24.柯达 GP-1 金调色液

硫氰酸钾	10 克
氯化金(1%夜)	10 毫升
加水至	1000 毫升

25.柯达 HE-1 海波去除液

水	500 毫升
3%双氧水	125 毫升
3%氨水	100 毫升
加水至	1000 毫升

主要参考文献

中文原著：

1.蒋载荣.进阶黑白摄影.台北:台湾雄师图书股份有限公司,1995.

2.蒋载荣.高品质黑白摄影的技法.台北:台湾雄师图书股份有限公司,1996.

3.达夫.黑白胶卷冲洗与配方.哈尔滨:黑龙江科学技术出版社,1997.

4.中国摄影出版社.摄影大师郎静山.北京:中国摄影出版社,2003.

5.湖北省博物馆.画影江山——郎静山摄影作品特展.北京:文物出版社,2012.

6.中华世纪坛世界艺术馆.想象的空间——杰利·尤斯曼回顾.北京:中国摄影出版社,2007.

7.邵大浪.黑白摄影.杭州:浙江大学出版社,2007.

8.邵大浪.高品质黑白摄影.杭州:浙江摄影出版社,2002.

中文译著：

1.[美]亨利·霍伦斯坦.黑白摄影教程.李之聪译.北京:中国摄影出版社,1991.

2.[美]安塞尔·亚当斯.A.亚当斯论摄影.谢汉俊编译,北京:中国摄影出版社,1999.

3.克里斯·约翰逊.实用区域曝光法.陈晓钟、杨乃卿译,杭州:浙江摄影出版社,1995.

4.柯达公司.柯达专业黑白胶片.张娟译,杭州:浙江摄影出版社,1999.

5.柯达公司. 高级黑白摄影. 马军,戴伟清译,杭州:浙江摄影出版社,1989.

西文原著：

1.MARC RIBOUD. 50Years of Photography. Paris:Editions Flammartion,2004.

2.RICHARD AVEDON. Woman in the Mirror. New York: Harry N. Abrams, Inc.2005.

3.RICHARD AVEDON. In the American West. London:Thames&Hudson Ltd. ,2005.

4.EBERHARD GRAMES. Broken Spirits. Zurich:Edition Stemmle AG. ,1995.

5.CHUCK CLOSE,BOB HOLMAN. A Couple of Ways of Doning Something. New York:Aperture Foundation,2006.

6.BROUGHER/ELLIOTT.Hiroshi Sugimoto.Washington,D.C.:Museum and Sculpture Garden, Smithsonian Institution,2005.

7.JEAN–CLAUDE GAUTRAND. Willy Ronis. Koln: Taschen GmbH,2005.

8.DAIDO MORIYAMA. Actes Sud.Paris:Fondation Cartier pour I'art contemporain,2003.

9.DAIDO MORIYAMA. Shinjuku 19XX-20XX. Zurich: Codax Publisher,2005.

10.MICHAEL ACKERMAN. End Time City. Zurich: Scalo Publisher,1999.

11.MICHAEL ACKERMAN. Half Life. Stockport: Dewi Lewis Publishing,2011.

12.JEANLOUP SIEFF.40 Years of Photography. Koln: Taschen GmbH,2005.

13.JEANLOUP SIEFF.Les indiscretes. Unpublished Photographys by Jeanloup Sieff. Gottingen: Steidl Publishers,2009.

14.ANDREA G. STILLMAN. Ansel Adams 400 Photographs. New York: Little, Brown and Company Hachette Book Group, 2007.

15.AMY CONGER.Edward Weston The Form of Nude.London:Phaid Press Limited,2005.

16.TERENCE PITTS. Edward Weston. Koln: Taschen GmbH,1999.

17.ROBERT MAPPLETHORPE.Tra antico e moderno Un'antologia.Firenze:Artificio Skira,2005.

18.ALISTAIR CRAWFORD. Mario Giacomelli. London:Phaidon Press Limited,2001.

19.RAY K. METZKER. Light Lines. Gottingen:Steidl,2008.

20.JOE DEMAIO/ROBIN WORTH/DENNIS CURTIN. The New Darkroom Handbook. Woburn: Focal Press,1998.

21.JULIEN BUSSELLE. B&W Photo-Lab Processing and Printing. Eeligny: RotoVision S. A., 1999.

图书在版编目(CIP)数据

黑白摄影暗房技术 / 邵大浪编著. — 杭州:浙江大学
出版社,2014.12(2025.2 重印)
　　ISBN 978-7-308-14101-7

　　Ⅰ.①黑… Ⅱ.①邵… Ⅲ.①黑白摄影—暗房技术
Ⅳ.①TB88

中国版本图书馆 CIP 数据核字(2014)第 280685 号

黑白摄影暗房技术

邵大浪　编著

责任编辑	石国华	
封面设计	刘依群	
出版发行	浙江大学出版社	
	(杭州天目山路 148 号　邮政编码 310007)	
	(网址:http://www.zjupress.com)	
排　　版	杭州星云光电图文制作有限公司	
印　　刷	广东虎彩云印刷有限公司绍兴分公司	
开　　本	787mm×1092mm　1/16	
印　　张	9.25	
字　　数	200 千	
版 印 次	2014 年 12 月第 1 版　2025 年 2 月第 8 次印刷	
书　　号	ISBN 978-7-308-14101-7	
定　　价	45.00 元	